SOJA & ANDERE PROTEINPFLANZEN

Erfolgreich zur Eiweißstra

Ergänzende und aktuelle Materialien sowie Arbeitsaufgaben finden Sie auf der begeitenden Website zu diesem Fachbuch:
http://fachbuch.cadmos.de/category/soja/

avBUCH

Haftungsausschluss:
AutorInnen und Verlag haben den Inhalt dieses Buches mit großer Sorgfalt und nach bestem Wissen und Gewissen zusammengestellt. Für eventuelle Schäden, die als Folge von Handlungen und/oder gefassten Beschlüssen aufgrund der gegebenen Informationen entstehen, kann dennoch keine Haftung übernommen werden. Für die Richtigkeit und Aktualität der Angaben und insbesondere der Hyperlinks wird keine Haftung übernommen.

Genderhinweis
Aus Gründen der Lesbarkeit wird in manchen Abschnitten auf geschlechtsspezifische Formulierungen verzichtet. Soweit personenbezogene Bezeichnungen nur in männlicher Form angeführt sind, beziehen sie sich auf alle Geschlechter (w/m/d) in gleicher Weise.

Impressum

avBUCH im CADMOS Verlag

Covergestaltung: Gerlinde Gröll, www.cadmos.de

Grafisches Konzept (Kern), Produktion und Satz: Hantsch PrePress Services OG

Projektleitung und Lektorat: Dipl. Päd. Ing. Barbara P. Meister MA, FachLektor.at

Umschlagfotos: Shutterstock/nnattalli, Graham Corney, I. Rottlaender, Graham Corney, Elena Akimova, Kylbabka, Sarah2, Rainer Fuhrmann

Druck: Graspo CZ, a.s., Zlín, www.graspo.com

Deutsche Nationalbibliothek – CIP-Einheitsaufnahme
Die Deutsche Nationalbibliothek verzeichnet diese Publikation in der Deutschen Nationalbibliografie; detaillierte bibliografische Daten sind im Internet über http://dnb.ddb.de abrufbar.

Printed in EU

ISBN 978-3-8404-8320-2

ERFOLGREICH ZUR EIWEISS STRATEGIE

SOJA & ANDERE PROTEINPFLANZEN

DI Christian Krumphuber
DI Dr. Josef Wasner
DI Helmut Feitzlmayr
Stefan Rudlstorfer
DI Marion Gerstl

avBUCH

INHALT

VORWORT

© weinfranz

Dr. Stephan Pernkopf
Präsident Ökosoziales Forum Österreich, LH-Stellvertreter Niederösterreich

Sehr geehrte Leserin, sehr geehrter Leser!

Das Thema Eiweiß und dessen Produktion ist ein zentrales Thema der menschlichen Ernährung und damit auch der landwirtschaftlichen Produktion. Im Sinne einer nachhaltigen, kreislauforientierten Landwirtschaft, die auf unsere natürlichen Ressourcen Bedacht nimmt, ist eine verbesserte Eiweißversorgung ein Gebot der Stunde.

Dabei spielt die Sojabohne, die in den letzten Jahren in Österreich geradezu einen Anbauboom erfahren hat, eine ganz besondere Rolle.

Neben den traditionellen Ölsaaten wie Raps, Sonnenblume oder Ölkürbis ist Sojabohne inzwischen die Ölsaat mit der größten Anbaufläche in Österreich. In der ackerbaulichen Nutzung ist sie mit knapp 70.000 Hektar mittlerweile die viertwichtigste Kultur. Österreich zählt damit zu den Vorreitern in der Europäischen Union. Aufgrund der positiven Zukunftsaspekte erachten wir eine Anbaufläche von 100.000 Hektar in Österreich für möglich.

Diese Spitzenposition verdanken wir einer zukunftsorientierten Gemeinschaft aus Züchtern, innovativen Landwirten, Verarbeitungsbetrieben und Beratungsinstitutionen wie unseren Landwirtschaftskammern, die sehr frühzeitig die Bedeutung der Sojabohne erkannt haben. Die österreichische „Eiweiß-Community" ist in gewisser Weise eine Nachfahrin von Professor Friedrich Haberlandt, der sich schon Mitte des 19. Jahrhunderts intensiv an der damaligen Hochschule für Bodenkultur mit Soja beschäftigt hat. Diese Grundlagenarbeit kann noch sehr wichtig werden für die europäische Eiweißstrategie, die in keinem anderen Land wie Österreich so konsequent umgesetzt wird.

Die Eiweißstrategie hat jedoch mehrere Standbeine, und so ist es auch konsequent und richtig, sich – wie es in diesem Buch geschieht – mit Eiweißkulturen im Futterbau wie Klee und Luzerne oder auch den Körnerleguminosen im Ackerbau zu beschäftigen.

Dieses Werk informiert erstmals umfassend über Theorie und Praxis des Themenkreises, wie z. B. neueste Anbaumethoden, Wirtschaftlichkeit und Potenzial. Das Buch ist daher auch eine kompakte Grundlage, um unseren agrarischen Nachwuchs in den Fach- und Berufsschulen mit der Materie der Eiweißproduktion in allen Facetten vertraut zu machen. Denn künftige Landwirte werden am Thema Eiweiß nicht vorbeikommen.

Ich wünsche Ihnen als Leserin und Leser viele interessante Erfahrungen und Erkenntnisse. Das Buch ist ein wichtiger Meilenstein in der Eiweißstrategie – ein Kernthema der europäischen Landwirtschaft in den nächsten Jahren und Jahrzehnten.

Dr. Stephan Pernkopf

EIWEISSPFLANZEN
RÜCKGRAT DER WELTERNÄHRUNG

© Adisorn Saovadee / Shutterstock.com

EIWEISS
IN UNSERER ERNÄHRUNG UND IN DER LANDWIRTSCHAFT

© surreal666/Shutterstock.com

Eiweiß ist – neben Kohlenhydraten und Fetten – ein essenzieller Bestandteil unserer Nahrung. Eiweißstoffe oder Proteine sind komplexe Stoffe oder Strukturen, die – anders als Kohlenhydrate und Fettstoffe – allerdings keine wichtige Energiequelle sind. Proteine spielen aber eine große Rolle für den Aufbau körpereigener Substanzen – sie sind für die Ernährung unverzichtbar. In diesem Buch geht es vordergründig um pflanzliche Proteine, aber indirekt auch um tierische Proteine, denn pflanzliche Proteine werden heute sehr stark in der Tierernährung eingesetzt. Nachdem weltweit gesehen der Bedarf an Fleisch oder generell an tierischen Produkten immer mehr wird, steigt auch der Bedarf für pflanzliches Protein.

EIWEISS ALS THEMA IN DER LANDWIRTSCHAFT

Die Landwirtschaft in Europa hat sich in den vergangenen Jahrzehnten verstärkt auf die Produktion stärkehaltiger Feldfrüchte wie Getreide und Mais spezialisiert und dabei die Produktion pflanzlicher Proteine etwas vernachlässigt. Im Zuge einer arbeitsteiligen Wirtschaft hat man die Proteinproduktion ein wenig in Richtung amerikanischem Kontinent ausgelagert.

Das hat fraglos zu einigen Fehlentwicklungen geführt, die es zu korrigieren gilt. Einseitige Fruchtfolgen, Konzentrationen in der Tierhaltung mit negativen ökologischen Folgeerscheinungen sind auch eine Folge der „stärkebetonten" pflanzlichen Produktion, die steigende Eiweißimporte nach sich gezogen hat. Der lokale Proteinbedarf soll verstärkt auch durch die Landwirtschaft vor Ort – im Sinne einer funktionierenden Kreislaufwirtschaft – gedeckt werden.

Die Nummer eins der Weltwährung bei Eiweiß ist die Soja(bohne). Keine andere Kulturpflanze hat in den letzten drei Dekaden einen solchen Aufschwung genommen. Sojabohne wird überall gebraucht auf der Welt, aber der Großteil seiner Produktion spielt sich in wenigen Ländern ab. Die Ausweitung der Sojaproduktion in den USA und Südamerika war zudem durch gentechnisch veränderte Sorten getrieben. Ein weiterer umstrittener Aspekt war und ist, dass die stetig steigende Sojaproduktion vor allem in Südamerika auf ehemaligen Regenwaldflächen geschieht. Es ist daher an der Zeit, sich auch in Europa mehr Gedanken über die Eiweißversorgung zu machen, auch im Sinne von Krisenvorsorge und Lebensmittelsicherheit. Die Landwirtschaft kann und soll mehr Eiweiß produzieren – das kann und soll Soja sein, aber auch andere Eiweißpflanzen wie Körnerleguminosen, Lupine oder auch Feldfutterpflanzen wie Luzerne und Klee. Ein Schwerpunkt dieses Buches wird allerdings Soja gewidmet sein. In Europa stehen wir bei der Sojaproduktion am Beginn – in manchen Ländern, wie beispielsweise Österreich, ist man schon sehr weit. Mehr Eiweiß aus regionaler Produktion – die Chance für eine nachhaltige Landwirtschaft.

SOJA - EINE KULTURPFLANZE MIT GESCHICHTE UND ZUKUNFT

Die Sojabohne *(Glycine max)* stammt aus China und gehört botanisch zu den Leguminosen. Schon in vorchristlichen Zeiten spielte die Sojabohne in Asien eine Rolle. Sie galt dort als heilige Pflanze. Manche Berichte über die Sojabohne als Kulturpflanze in China datieren aus dem 3. Jahrtausend vor Christus. Gesichert sind archäologische Funde, die beweisen, dass Sojabohne etwa 800 bis 700 vor Christus schon kultiviert wurde. Es gibt allerdings sehr viel ältere Kulturpflanzen wie Gerste, Einkorn, Erbse oder Linse.

Bis zum 17. Jahrhundert war Soja in Europa unbekannt. Marco Polo, der im 13. Jahrhundert zweimal Asien durchquerte, erwähnte sie auch nicht, möglicherweise hat er sie aber konsumiert.

Im 18. Jahrhundert gelangte Soja langsam nach Europa – zuerst in diverse botanische Gärten, wo neue, fremdländische Pflanzen gern als Kuriosität bestaunt wurden. Auch andere Kulturpflanzen – wie beispielsweise die Kartoffel – haben ihre „Karriere“ über botanische Gärten gestartet.

Die ersten Anbauversuche mit Sojabohne verliefen erfolglos, weil das Material zu spät reif war und Frühfrösten zum Opfer fiel. Mehr Glück hatte ein deutscher Offizier, Otto Wehrhahn, der einige Samen aus dem botanischen Garten von Metz (Frankreich/Lothringen) in seiner Heimat Meißen anbaute. In Frankreich wurde Soja damals als Ölerbse (pois oleagineux) bezeichnet. Dieser Name ist durchaus nachvollziehbar, da Sojabohne etwa 20 % Fett enthält und botanisch zur gleichen Gattung wie Erbsen zählt.

Soja – die Vielfältige

Der Erfolg der Sojabohne liegt wohl darin begründet, dass sie eine klassische Mehrnutzungspflanze ist. Sojabohnen enthalten – je nach Sorte etwa 18 bis 22 % Fett, 35 bis 40 % Eiweiß und 25 % Kohlenhydrate – also eine sehr ausgewogene Zusammensetzung. Die Ölqualität von Sojaöl ist gut, denn Sojaöl besteht zu etwa 75 % aus ein- und mehrfach ungesättigten Fettsäuren.

Der überwiegende Teil der weltweit produzierten Sojabohnen wird in Ölmühlen verarbeitet. Dabei wird das Öl aus der Bohne nahezu vollstän-

© SARYMSAKOV ANDREY/Shutterstock.com

Etwa 90 % der weltweit produzierten Sojabohnen wird in Ölmühlen verarbeitet. Ölmühlen mit Sojaverarbeitung sind meist groß und extrem leistungsfähig in der Verarbeitung.

© ADM.com

Die Verarbeitungsanlage der Archer Daniels Midland Company (ADM) in Straubing.

© ADM.com

Die ADM in Straubing bei Nacht.

dig gewonnen. Zurück bleibt der hoch eiweißhaltige Sojaschrot (= entfettete Sojabohne).

Die rasant steigenden Produktionsmengen bei Soja haben dazu geführt, dass Sojaöl heute das weltweit zweitmeist verbrauchte pflanzliche Öl – nach Palmöl – ist.

Ein wichtiger Inhaltsstoff ist auch Lezithin, das etwa zu zwei % in Sojaöl enthalten ist. Lezithine sind wichtig für den Aufbau von Zellmembranen. In der Lebensmittelindustrie werden Lezithine sehr vielfältig verwendet – vor allem als Emulgatoren. Sojalezithin ersetzt dabei häufig das teurere Ovolezithin.

Speziell in der asiatischen Küche spielt aber Sojabohne als direkt konsumiertes oder verarbeitetes Lebensmittel eine große Rolle. Im Zuge des Aufschwungs vegetarischer oder veganer Ernährung wird dabei auch in Europa der Bedarf an Speisesoja größer. Beispiele sind Miso (Sojapaste), Sojadrinks, Tofu oder TVP (texturiertes vegetabiles Protein) – faktisch ein Fleischersatz.

Österreich war führend in der Forschung – die Amerikaner waren schneller

Es war Professor Friedrich Haberlandt an der kaiserlich-königlichen Hochschule für Bodencultur in Wien (heute Universität für Bodenkultur), der die agronomische Bedeutung der Sojabohne erkannte und 1875 bis 1877 eine umfangreiche Versuchsserie in den damaligen Ländern der Habsburgermonarchie initiierte. Kennengelernt hat Haberlandt Berichten zufolge die Sojabohne 1873 am japanischen Pavillon anlässlich der Weltausstellung in Wien. Mathematiker, der er auch war, konnte er sich sehr schnell ausrechnen, welches Potenzial in dieser Kultur steckt. 1877 nahmen 160 Versuchsansteller – verstreut über das große Gebiet der Habsburgermonarchie – an Haberlandts Sojaanbauversuchen teil. Neben der agrarwissenschaftlichen Grundlagenforschung schlug Haberlandt auch eine Fülle von Verwertungs- und Verarbeitungsmöglichkeiten für Sojabohne vor. In diesem Zusammenhang muss man sich die Situation der Bevölkerung in den 1870er-Jahren vorstellen. Mangelernährung und Hunger waren dauernde Begleiter des Großteils der Bevölkerung. Zudem musste eine große Armee versorgt werden. Eine Pflanze, die Kornerträge von 2000 Kilogramm pro ha versprach und deren Körner pflanzliches Öl und viel Eiweiß enthielten, war geradezu sensationell und fast ein Wunder. Die Getreideerträge der damaligen Zeit lagen gerade einmal bei ca. 1000 Kilogramm pro ha. Haberlandt hat – durchaus richtig – Sojabohne als ein wichtiges Nahrungsmittel unmittelbar für die menschliche Ernährung gesehen.

Haberlandt veröffentlichte seine ersten Studienergebnisse in einem 1878 erschienenen Buch: „Die Sojabohne – Ergebnisse der Studien und Versuche über die Anbauwürdigkeit dieser neu einzuführenden Culturpflanze“.

Leider starb Haberlandt noch im selben Jahr und die Forschungen kamen zum Stillstand. Allerdings hat Haberlandt mit seiner Versuchsreihe und seiner Publikation wichtige Grundlagenarbeit geleistet. Im deutschsprachigen Raum wurde Sojabohne bisweilen als Haberlandt-Bohne bezeichnet bzw. in Frankreich als „Haricot Haberlandt“.

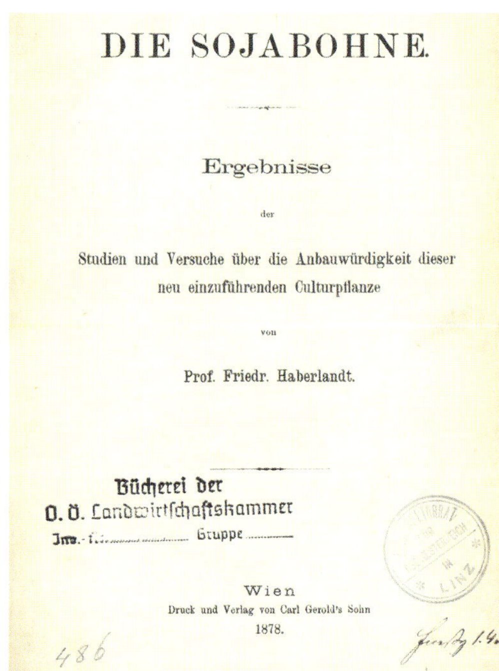

DIE SOJABOHNE.

Ergebnisse

der

Studien und Versuche über die Anbauwürdigkeit dieser
neu einzuführenden Culturpflanze

von

Prof. Friedr. Haberlandt.

Bücherei der
O. Ö. Landwirtschaftskammer
Inv.-Nr. .... Gruppe ....

Wien
Druck und Verlag von Carl Gerold's Sohn
1878.

Professor Friedrich Haberlandt leistete grandiose Grundlagenforschung zu Sojabohne in der zweiten Hälfte des 19. Jahrhunderts.

Mit seinen Entdeckungen und Forschungen über die Sojabohne hat Professor Haberlandt essenzielle wissenschaftliche Arbeit geleistet, die Soja zu einer „Weltkultur" gemacht hat bzw. zu einer jener (wenigen) Pflanzen, die das Rückgrat der Welternährung darstellen. Haberlandt ist einer breiteren Öffentlichkeit wenig bekannt, aber er kann wohl als einer der profundesten Pflanzenbauwissenschaftler gelten, die Österreich je hatte. Jedenfalls ist es bewundernswert, wie Haberlandt in so kurzer Zeit so viele Ergebnisse „zusammentragen" konnte. Die Universität für Bodenkultur hat – spät, aber doch im Jahr 2018 – anlässlich des 140-jährigen Jubiläums der Veröffentlichung der Haberlandt'schen Forschungen eine Gedenktafel im Festsaal angebracht.

Amerikaner waren schneller

In der zweiten Hälfte des 19. Jahrhunderts unternahm man in den USA – aufbauend auf den Erfahrungen Haberlandts – Anbauversuche an den gerade entstandenen landwirtschaftlichen Versuchsstationen. Teilweise arbeitete man mit den Sorten oder, besser gesagt, Herkünften, die Haberlandt auf ihre Anbaueignung geprüft hatte. Ab 1898 begann man im US-Landwirtschaftsministerium, den Sojaanbau systematisch zu forcieren. Vorerst beschäftigte man sich mit Soja als Grünfutter- und Silagepflanze – erst später mit der reinen Körnernutzung. 1901 benannte man auch in den USA eine Sojasorte – in Würdigung seiner Verdienste – nach Haberlandt.

Die Sojabohne ist eine großartige Mehrnutzungspflanze. Das Korn hat einen für eine Ölsaat zwar geringen Anteil von Öl – etwa 20 % –, hoch ist allerdings der Eiweißanteil mit knapp 40 %, und dies bei sehr hoher biologischer Wertigkeit des Eiweißes. Interessant ist Sojaöl aber wegen seiner guten ernährungsphysiologischen Eigenschaften und des hohen Anteils von Lezithin.

DIE BEDEUTUNG DER SOJABOHNE/ DER EIWEISSPFLANZEN IN DER WELT, IN EUROPA, ÖSTERREICH UND DEUTSCHLAND

Eiweißpflanzen in Europa – Ackerbohne, Erbse und Lupine

Die in Tabelle 1 dargestellten Länder decken etwa 70 % des Leguminosenanbaus in der Europäischen Union ab. Anbaustatistiken sind – wie jede andere Statistik, die nicht gefälscht ist – durchaus interessant und aussagekräftig. Anbaustatistiken repräsentieren die Zufriedenheit der Bäuerinnen und Bauern mit einer Kulturpflanze, deren Marktchancen und eventuell auch deren Entwicklungspotenziale.

Die Körnererbse ist die Domäne Frankreichs, Spaniens und der baltischen Staaten. Die Ackerbohne verteilt sich auf mehr Länder und Regionen. Mit dem Brexit wird die EU einen erheblichen Teil des bisherigen Ackerbohnenanbaus verlieren.[1]

2018 wurden in Großbritannien 168.000 ha Ackerbohnen angebaut. Dabei dürfte es sich vorwiegend um Winterackerbohne handeln. Deren Sorten vertragen die derzeit noch zu strengen Winter Kontinentaleuropas nicht. Anbauversuche mit Winterackerbohne brachten bisher in Österreich nicht die erhofften oder erwünschten Ergebnisse. Eine wirklich winterharte Ackerbohne könnte allerdings eine echte Perspektive haben.

Der Lupinenanbau wiederum ist eine ganz klar polnische Domäne, denn knapp 80 % des Lupinenanbaus der EU findet in Polen statt.

© Pickpho/Shutterstock.com

© J. Lekavicius/Shutterstock.com

© Bogdan Wankowicz/Shutterstock.com

Erbse (oben), Ackerbohne Mitte), Lupine (unten): So richtig vom Fleck sind die Körnerleguminosen zuletzt nicht gekommen. Die Fläche liegt bei knapp 2 Millionen ha in der EU. Die Erträge sind realistisch gesprochen schwach und dazu noch schwankend.

Kultur	Österreich	Deutschland	Frankreich	Spanien	Ungarn	Baltische Staaten	Polen	Summe EU-28
Erbse	6.400	70.000	191.000	234.000	14.000	154.000	14.000	908.000
Bohne	10.500	55.000	67.000	150.000	–	131.000	34.000	778.000
Lupine	1.000	23.000	5.000	3.000	–	5.000	154.000	198.000
Summe	**17.900**	**148.000**	**263.000**	**387.000**	**14.000**	**290.000**	**202.000**	**1.884.000**

Tabelle 1: Anbauflächen in ha für Ackerbohne, Körnererbse und Lupine in ausgewählten Ländern Europas im Jahr 2018 (Quelle: www.copa-cogega.eu)

[1] Informationsstand November 2019 (Anm. der Redaktion).

Situation in Österreich

Der Körnerleguminosenanbau spielt in Österreich eine untergeordnete Rolle. Lediglich 1,3 % der Ackerfläche waren 2018 mit Körnerleguminosen angebaut. Die Gründe dafür sind unterschiedlich und vielfältig:

- Leider gibt es bei den drei Körnerleguminosenkulturen (Ackerbohne, Erbse und Lupine) kaum Sortenentwicklung (das ist übrigens kein österreichisches, sondern ein generelles Problem).
- Zunehmende Probleme mit Schadinsekten bei tendenziell schwieriger werdenden Bekämpfungsmöglichkeiten durch fehlende chemische Pflanzenschutzmittel. Nachdem ein erheblicher Teil des Körnerleguminosenanbaus unter biologischer Produktion läuft, dürfen zumeist gar keine Pflanzenschutzmittel eingesetzt werden.
- Fehlender Markt: Nachdem derzeit – man muss es leider so sagen – Körnerleguminosen de facto „Randkulturen“ sind, gibt es faktisch keine entwickelten Märkte dafür. Weder der etablierte Agrarhandel noch die Mischfutterwirtschaft hat ein gesteigertes Interesse an Ackerbohne und Co.

© mimmiacreations/Shutterstock.com

Lupinen-Saatgut nach der Ernte.

Tabelle 2 zeigt ein wenig das Dilemma der Körnerleguminosen: Die Erträge sind niedrig und dazu noch stark schwankend: Das Trockenjahr 2018 hat die ohnehin knappen Erträge – euphemistisch gesprochen – stark einbrechen lassen. Es wird sehr starker Anstrengungen bedürfen – sowohl züchterisch als auch seitens der pflanzenbaulichen Optimierung –, die Erträge zu steigern und zu stabilisieren. Die besten Erträge werden bei Erbse in Normaljahren in Deutschland, Frankreich und Skandinavien erzielt. Bei Ackerbohne werden die besten Erträge – etwa 4 t/ha – in England und Irland erzielt. Dies dürfte auf den schon beschriebenen Vorteil der Winterackerbohnensorten zurückzuführen sein.

	2017			2018		
	Fläche	Gesamternte	Durchschnittsertrag	Fläche	Gesamternte	Durchschnittsertrag
Erbsen	1.028.000	2.800.000	2,7	908.000	2.170.000	2,4
Bohnen	698.000	2.128.000	3,1	778.000	1.974.000	2,5
Lupinen	176.000	295.000	1,7	198.000	211.000	1,1

Tabelle 2: Gesamternte und Durchschnittserträge für Körnerleguminosen in der EU 2017 und 2018 (Quelle: www.copa-cogega.eu)
Fläche in ha, Gesamternte in Tonnen, Durchschnittsertrag in t/ha; Quelle: COPA-COGEGA

SOJA IN ÖSTERREICH, DEUTSCHLAND, EUROPA - HEUTE UND BIS 2030

Der Sojaanbau in Europa hat punktuell eine lange Tradition und eine interessante Geschichte – hatte aber über viele Jahre faktisch keinerlei wirkliche Relevanz. Neben den wissenschaftlichen Versuchen Haberlandts gab es einige Pioniere, die sich mit Soja auseinandersetzten. In der NS-Zeit gab es relevante Bemühungen rund um die Sojabohne. Aus den damaligen Aktivitäten heraus hat die Sojabohne bisweilen auch den Namen „Nazi-Bohne" erhalten. Ein umfangreiches Werk dazu stammt von Joachim Drews: Die „Nazi-Bohne": Anbau, Verwendung und Auswirkung der Sojabohne im Deutschen Reich und Südosteuropa (1933–1945).

In Österreich beschäftigte sich im Raum Wien der Sojapionier Brillmayer mit der Sojabohne. 1948 gaben die Autorinnen Friedl Brillmayer und Henriette Cornides ein Buch „Die Wiener Soja-Küche" heraus. Getrieben wohl durch den akuten Nahrungsmangel in der Nachkriegszeit zeigte man die Möglichkeiten einer alternativen Eiweißversorgung auf. Durch die sich schnell bessernde Ernährungssituation war aber diesen Initiativen kein großer Erfolg beschieden.

In Dornburg in der ehemaligen DDR gab es lange Zeit eine eigene Sojazüchtung, obwohl es auf dem Gebiet der DDR keinerlei Sojaanbau gab. Die Dornburger Züchtung wurde nach der deutschen Vereinigung vom österreichischen Saatzuchtunternehmen Saatbau Linz gekauft und einige Jahre weitergeführt. Eine gewisse Basis für den aufkommenden österreichischen Sojaanbau gab es daher auch durch Zuchtmaterial aus der Ex-DDR. Die aus dem Dornburger Zuchtprogramm stammende Sorte Dorena spielte in den 1990er-Jahren im österreichischen Sojaanbau eine beachtliche Rolle.

SOJAANBAU IN EUROPA - DER AKTUELLE STAND

In Westeuropa spielt Soja in Italien eine bedeutende Rolle. Italien ist traditionell Sojaland Nummer eins in Europa. Der Anbau konzentriert sich in der oberitalienischen Po-Ebene, wo sehr gute Bedingungen für den Sojaanbau herrschen. In Italien werden traditionell – auch wegen künstlicher Beregnung – sehr gute und stabil hohe Erträge erzielt von etwa 3,5 t/ha. Frankreich hat zuletzt den Sojaanbau stark forciert und gesteigert. Für Frankreich als das mit Abstand flächenstärkste Agrarland Europas (Ackerfläche über 18 Millionen ha) besteht aber sicher noch beachtliches Potenzial in der Ausweitung des Sojaanbaus.

Österreich ist „Sojakaiser"

Österreich hat bei Soja in Europa eine gewisse Sonderstellung, denn mit zuletzt 67.000 ha wurden schon 5 % der Ackerfläche mit Soja bestellt. In Österreich gibt es eine lange Tradition im Sojaanbau, gutes Know-how der Landwirte, eine eigene, sehr erfolgreiche Sojazüchtung (Saatzucht Donau) und eine Fülle von gut etablierten Verarbeitungsbetrieben – somit eine gut funktionierende Wertschöpfungskette (s. Tabelle 3).

Land/Region	Sojafläche in ha 2018
Österreich	67.000
Deutschland davon Bayern davon Baden-Württemberg	24.000 12.000 7.300
Frankreich	149.000
Italien	330.000
Summe EU-15	574.000
Kroatien	90.000
Ungarn	60.000
Rumänien	145.000
Summe EU-13	376.000
Summe EU-28	950.000

Tabelle 3: Anbauflächen für Sojabohne in der Europäischen Union 2018 – ausgewählte Länder (Quelle: Copa-Cogega)

In Deutschland gibt es trotz intensiver Bemühungen der Forschung (beispielsweise Landesanstalt für Landwirtschaft in Bayern und deutscher Sojaring) bis dato vergleichsweise wenig Sojaanbau. 80 % des deutschen Sojaanbaus wird in den Bundesländern Bayern und Baden-Württemberg realisiert.

In den osteuropäischen Ländern sind Ungarn, Kroatien und vor allem Rumänien führend. In Rumänien waren vor dem EU-Beitritt auch gentechnisch veränderte Sorten erlaubt. Mit knapp 9 Millionen ha Ackerfläche und vielen Lagen, die gut „sojafähig" wären, hat Rumänien als Sojaland beträchtliches Potenzial. Außerhalb der europäischen Union ist Serbien ein bedeutendes Sojaproduktionsland mit einer Fläche von 250.000 ha im Jahr 2018 (Quelle: www.donausoja.org). Aufgrund des enormen Flächenpotenzials haben naturgemäß auch Russland und die Ukraine beträchtliche Möglichkeiten. Beide Länder zusammen hatten 2018 einen Sojaanbau von etwa 3 Millionen ha.

DIE GLOBALE BEDEUTUNG DER SOJABOHNE

In den letzten 35 Jahren wurde die globale Sojaproduktion faktisch vervierfacht. Generell ist der Produktionszuwachs bei Ölsaaten und damit auch der Markt sehr dynamisch. Der Verbrauchszuwachs ist im Wesentlichen durch die Bevölkerungsentwicklung, andere Konsumgewohnheiten der Menschen (mehr Fleisch), aber auch durch steigende Bedeutung der Bioenergie begründet. Argentinien als eines der drei wichtigsten Produktionsländer erzeugt aus Sojaöl unter anderem Biodiesel.

Die Bedeutung der Sojabohne kann nicht hoch genug eingeschätzt werden, denn etwa 60 % (!) der weltweiten Ölsaatenproduktion entfällt auf eine einzige Kultur – Sojabohne. Dieses Faktum ist versorgungspolitisch durchaus problematisch. Eine solche Konzentration auf so wenige Quellen bei einem so wichtigen Produkt der Pflanzenöl- und Eiweißversorgung sollte Überlegungen und Aktivitäten zur Verbesserung der Versorgungs-

Soja-Anbau in der russischen Kursk-Region.

sicherheit führen. Dieser Zusammenhang wird noch deutlicher, wenn man sich die globale „Produktionsstruktur" bei Soja betrachtet, denn 90 % der weltweiten Sojaproduktion geschieht in lediglich drei Ländern.

Vom Boom der Sojabohne in den letzten 35 Jahren haben allen voran die USA und die beiden südamerikanischen Sojagiganten Argentinien und Brasilien profitiert. Brasilien liegt in der Sojaproduktion inzwischen gleichauf mit den USA. Stark ausgeweitet hat zuletzt Paraguay, und auch in China – mittlerweile der mit Abstand größte Sojaverbraucher der Welt – versucht man die eigene Versorgung etwas anzukurbeln. Faktum ist, dass etwa 80 % der weltweiten Sojaproduktion aus drei Herkunftsländern stammen: USA, Argentinien und Brasilien. Jedenfalls sollte diese Abhängigkeit von so wenig Produzenten bei einem so essenziellen Produkt zu denken geben.

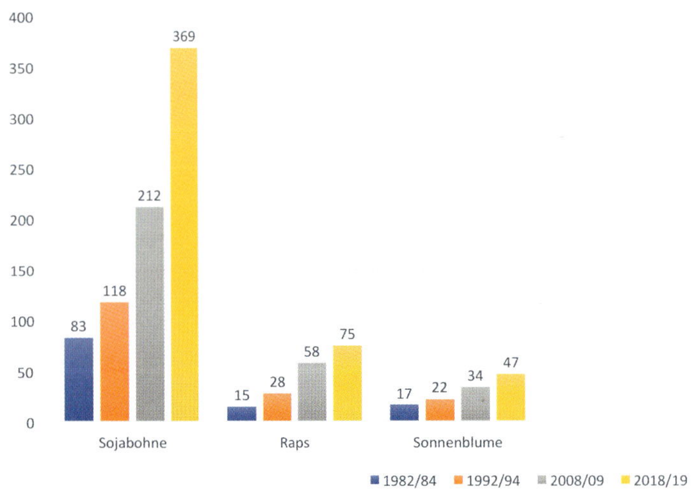

Grafik 1: Entwicklung der Ölsaatenproduktion seit den 1980er-Jahren (Zahlen in Millionen Tonnen) (Quelle: USDA, Marktbericht Töpfer international)

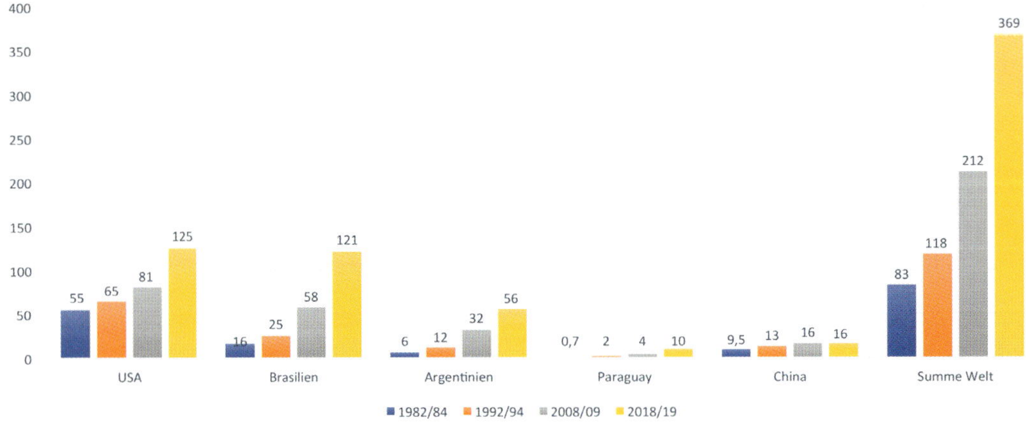

Grafik 2: Sojaproduktion weltweit nach Ländern, 1980er-Jahre bis heute (Zahlen in Millionen Tonnen), Quelle: USDA, Töpfer international, Kaack-Terminhandel

Der globale Sojamarkt – Import und Export

Bei keiner anderen agrarischen commodity (Handelsgut mit standardisierter Qualität) wird ein so großer Teil der Erzeugung – vor allem über globale Warenströme – gehandelt. Gemäß US-Landwirtschaftsministerium wird knapp die Hälfte der weltweiten Sojabohnenerzeugung gehandelt. Darüber hinaus ist zu berücksichtigen, dass auch Verarbeitungsprodukte aus Sojabohne – primär Sojaöl und Sojabohne – ebenfalls sehr stark gehandelt werden.

Das globale Handelsvolumen bei Weizen beträgt etwa 25 % der Jahresproduktion, bei Mais sind es 15 % und bei Reis weniger als 10 % der globalen Erzeugung. Das lässt die Schlussfolgerung zu, dass von den Haupterzeugerländern – allen voran Argentinien und Brasilien – bei Soja ganz gezielt Exportproduktionen aufgebaut wurden.

Acht von zehn Sojabohnen aus brasilianischer oder argentinischer Produktion landen entweder direkt im Export oder verarbeitet als Sojaschrot gleichfalls im Export.

Sojabohnen, Sojaöl, Sojaschrot.

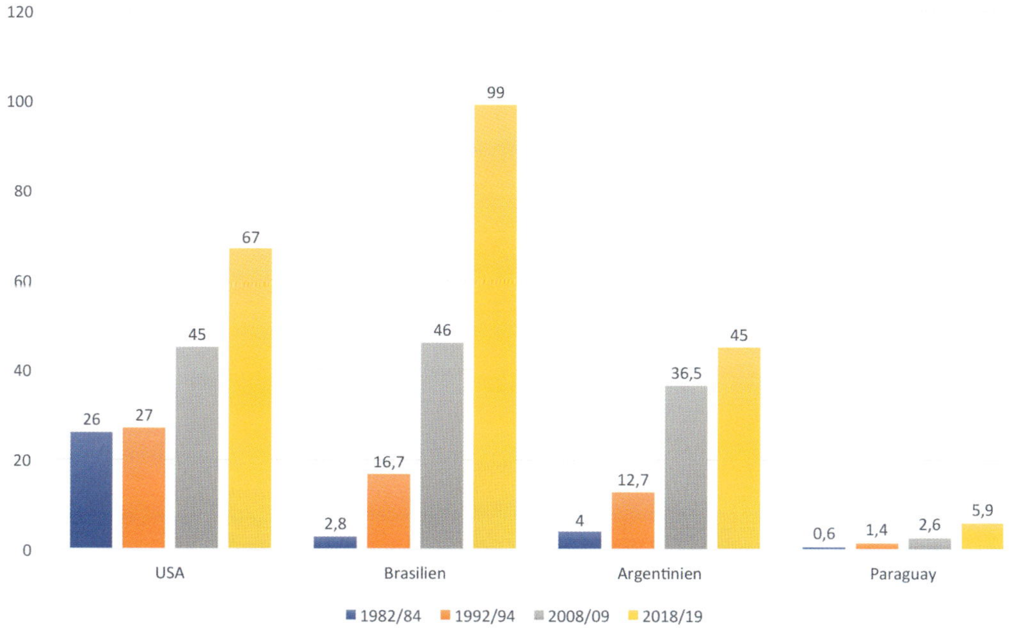

Grafik 3: Die wichtigsten Exporteure von Sojabohne bzw. Sojaschrot (gerechnet in Sojabohnenäquivalenten*; Zahlen in Millionen Tonnen; Quelle: USDA, ADM Statistische Informationen 2014

*Sojabohnenäquivalent bedeutet: Für den Export von 1 Tonne Sojaschrot benötigt man 1,25 Tonnen Sojabohnen. Die entsprechenden Sojaschrotexporte der einzelnen Länder wurden als Sojabohnenäquivalent berechnet und den Sojabohnenexporten hinzugezählt.

Die Empfänger der US- und südamerikanischen Exporte finden sich importseitig bei folgenden Ländern:

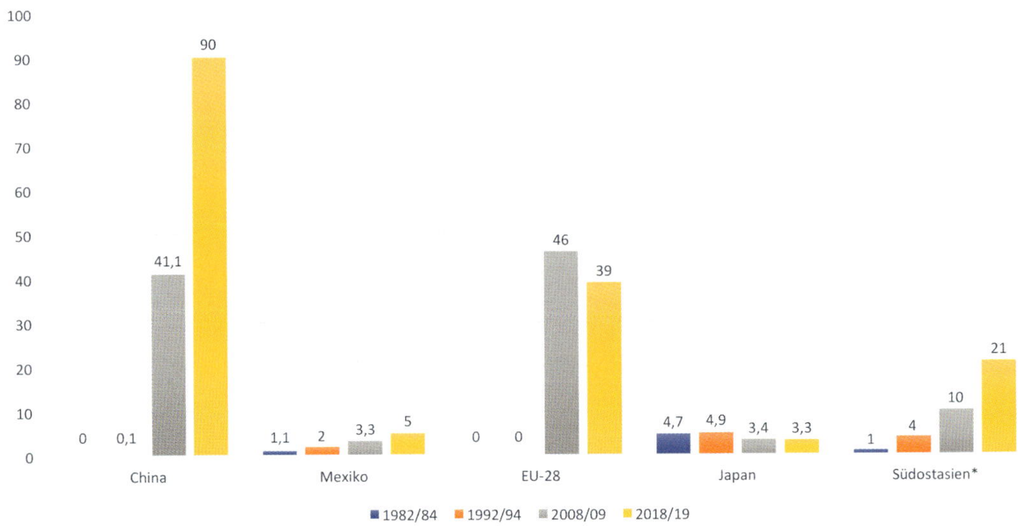

Grafik 4: Die wichtigsten Importländer/Regionen von Sojabohnen und Sojaprodukten*; Zahlen in Millionen Tonnen; Quelle: USDA, ADM Statistische Informationen 2014

* Südostasien: Indonesien, Malaysia, Philippinen, Vietnam und Thailand
** EU-10, *** EU-15

Asien dominiert den Sojamarkt

Nicht die Europäische Union – wie fälschlicherweise oft behauptet –, sondern vielmehr die bevölkerungsreichen Länder Asiens geben den Takt im globalen Sojabusiness vor. China – vor 20 Jahren noch gar nicht aufscheinend in irgendwelchen Globalstatistiken zum Sojahandel – hat zuletzt 90 Millionen Tonnen Sojabohnen importiert. (Die aktuellen Handelskonflikte mit den USA haben die chinesischen Sojabohnenimporte zuletzt sogar sinken lassen bzw. versucht China die Eigenproduktion wieder zu forcieren.) Nachdem Fleischkonsum und Sojaverbrauch eng vernetzt sind, ist zu erwarten, dass der Sojabedarf in absehbarer Zukunft noch beachtlich steigen wird. Demgegenüber könnte in Europa – aufgrund sich ändernden Konsumverhaltens und einer immer älter werdenden Bevölkerung – der Fleischkonsum und damit der Sojaverbrauch sich reduzieren.

Für den asiatischen Lebensmittelmarkt werden unzählige Soja-Produkte hergestellt.

GLOBALE ASPEKTE VON SOJA – GENTECHNIK, LANDNUTZUNG, REGENWALDRODUNG

Brasilien ist Agrarriese – nicht nur bei Soja

Landwirtschaftliche Produktion braucht Fläche und Raum. Für die Ausweitung der Sojaproduktion seit den 1980er-Jahren musste sehr viel neue Ackerfläche geschaffen werden, denn der Anbau von Sojabohne in Südamerika wurde von ca. 6 bis 7 Millionen ha in den 1980er-Jahren auf ca. 65 Millionen ha ausgeweitet. In Kritik steht dabei häufig der Sojaanbau in Brasilien, weil für den Sojaanbau sehr viel tropischer Regenwald gerodet wurde – unter anderem auch mit Brandrodung. Der brasilianische Sojaanbau ist konzentriert in der Savannenregion des Cerrado bzw. im riesigen im Binnenland gelegenen Bundesstaat Mato Grosso. Von Vertretern der Umwelt-NGOs (Global 2000, Greenpeace und anderen) wird diese Entwicklung bzw. generell diese Art der landwirtschaftlichen Produktion heftig kritisiert. Das offizielle Brasilien wiederum verweist darauf, dass der Sojaanbau lediglich knapp 5 % der brasilianischen Landesfläche einnimmt (40 Millionen ha = 400.000 km = knapp 5 % der Landesfläche von 8,5 Millionen km^2).

Auch in Europa wurden Wald und natürliche Biotope urbar gemacht und der landwirtschaftlichen Nutzung zugeführt – allerdings vor sehr viel längerer Zeit. Europa und seine Bürger hätten kein Recht, andere Länder dafür zu kritisieren, was man selbst – allerdings vor langer Zeit – gemacht habe, wird seitens brasilianischer Vertreter kritisiert.

Faktum ist, dass Brasilien seit etwa 40 bis 50 Jahren ein sehr ambitioniertes Programm verfolgt, die Landwirtschaft zu modernisieren und die naturgegebenen Ressourcen – Land, Wasser und Sonne – optimal zu nutzen. In den 1970er-Jahren hat Brasilien das staatliche landwirtschaftliche Forschungsinstitut EMBAPRA gegründet. Junge Menschen wurden weltweit an agrarischen Hochschulen ausgebildet, und mit diesem Know-how wurde die Landwirtschaft modernisiert und die Agrarproduktion massiv ausgeweitet. Die brasilianische Landwirtschaft und die vor- und nachgelagerten Wirtschaftsbereiche erwirtschaften über 40 % des brasilianischen Bruttoinlandsprodukts.

Soja und Gentechnik

Keine andere Kultur hat eine so enge Vernetzung mit der Gentechnik wie Sojabohne. Anfang der 1990er-Jahre gab es den ersten kommerziellen Anbau gentechnisch veränderter Sorten, und speziell bei Sojabohne hat sich diese Technologie – zumindest in den Hauptproduktionsländern – sehr schnell durchgesetzt. Gentechnik bei Sojabohne bedeutet im Wesentlichen Totalherbizidresistenz. Dabei wird mithilfe gentechnischer Methoden die Kulturpflanze so verändert, dass diese bei Anwendung eines Totalherbizids (= ein Stoff, der grüne Pflanzen vollständig absterben lässt) trotzdem vital bleibt und weiterwächst.

Der Effekt liegt auf der Hand: Die Unkrautbekämpfung wird damit sehr stark vereinfacht. Das Totalherbizid tötet die Unkrautkonkurrenz ab – die Kulturpflanze (Sojabohne) überlebt.

Dazu muss man wissen, dass die landwirtschaftlichen Betriebe in den USA, Brasilien und Argentinien im Normalfall nicht vergleichbar sind mit europäischen Betrieben. Landwirtschaftliche Betriebe – richtigerweise müsste man von Unternehmen sprechen –, die bis zu 100.000 ha Ackerfläche bewirtschaften, sind auf Effizienz und Kostenführerschaft getrimmt. Die Einführung gentechnisch veränderter Sorten war bzw. ist für diese Betriebe eine essenzielle Voraussetzung, den Sojaanbau so auszudehnen, wie es in der Vergangenheit geschehen ist.

Global wurden 2017 knapp 190 Millionen ha Ackerland mit gentechnisch veränderten Sorten bestellt – knapp die Hälfte davon (91,4 Millionen ha) waren gentechnisch veränderte Sojabohnen. Weltweit wurden 2017 knapp 80 % des Sojaanbaus durch gentechnisch veränderte Sorten bewerkstelligt. (Quelle: www.transgen.de)

© Alf Ribeiro/Shutterstock.com

Soja-Ernte in Brasilien.

Europa ist anders – ist Europa anders?

Gentechnik ist bei den europäischen Bürgern ein Reizthema. Gentechnik in der Landwirtschaft bzw. Ernährungswirtschaft wird rundweg oder von der überwiegenden Mehrheit der Bevölkerung abgelehnt. Die EU, aber auch die einzelnen Mitgliedsländer (unter anderem Österreich) haben umfangreiche gesetzliche Regelungen zur Gentechnik. Allerdings ist Europa nicht gentechnikfrei, denn der Import und die Weiterverarbeitung von gentechnisch veränderten Produkten wie Mais, Sojabohne, Raps oder auch Baumwolle sind erlaubt. Weitestgehend nicht erlaubt ist der Anbau gentechnisch veränderter Sorten in der EU. Lediglich für einen gentechnisch veränderten Mais (mit einer Herbizidresistenz) gibt es eine Anbaubewilligung auf EU-Ebene. Genutzt wird diese Bewilligung fast nur in Spanien. Einzelne Mitgliedsstaaten – wie Österreich – haben wiederum gesonderte Verbotsverordnungen ausgesprochen. Auch innerhalb der Landwirtschaft wird der Anbau gentechnisch veränderter Sorten überwiegend abgelehnt.

Eine Anbaubewilligung für eine gentechnisch veränderte Sojasorte gibt es in Europa jedenfalls nicht. Es ist auch nicht zu erwarten, dass es eine solche Bewilligung in absehbarer Zeit geben wird. Der Sojaanbau in der EU ist daher gentechnikfrei. Bei den Importen von Sojaprodukten (wie beispielsweise Sojaschrot) gibt es allerdings – und dies durchaus legal – Importe von GVO-Produkten. In gewisser Weise ist dies eine Zwiespältigkeit, die man durchaus zu Recht kritisieren kann. Man verbietet einerseits den Anbau von GVO-Sorten, lässt aber andererseits Importe von GVO-Produkten zu.

Jedenfalls kommen auch die GVO-Importe immer mehr in Diskussion bzw. in die Kritik und der Druck dagegen steigt. Dies ist durchaus eine Chance für Europa, die Produktion von GVO-freien Eiweißträgern zu erhöhen und somit gesellschaftlichen Wünschen oder Anforderungen gerecht zu werden. Klar muss allerdings sein, dass gentechnikfreier Anbau teurer ist, vor allem durch die viel aufwendigere, schwierigere und damit teurere Unkrautbekämpfung. Hier muss auch der Konsument in die Pflicht genommen werden, indem er diese höheren Kosten dem Landwirt durch höhere Preise vergütet.

KLIMAWANDELANPASSUNG – EIWEISSSTRATEGIE

Der Klimawandel findet statt – auch wenn dies immer wieder in Abrede gestellt wird. Der Lebensstil unserer Gesellschaft mit dem überbordenden Ressourcenverbrauch – allen voran Energieverbrauch – führt zu einem steigenden Ausstoß von Klimagasen wie CO_2, Methan oder auch Lachgas. Auch die Landwirtschaft selbst ist Emittent von Klimagasen. Ob und wie weit diese Entwicklung eingebremst werden kann, ist eine offene Frage, an deren Lösung oder Beantwortung die Entwicklung künftiger Generationen allerdings sehr stark abhängen wird.

Die Landwirtschaft (aber auch die Forstwirtschaft) ist vom Klimawandel massiv betroffen. Sie ist sicher jener Sektor, der am verwundbarsten ist und die Auswirkungen am unmittelbarsten spürt.

Klimawandelanpassung

Ein kurzfristiges Ziel für die Landwirtschaft bedeutet Klimawandelanpassung. Kurz gefasst könnte man es auch darstellen: Wenn ich den Klimawandel schon nicht ändern kann, was muss ich tun – als Sektor –, um mit den geänderten Bedingungen besser zurechtzukommen? Eine zentrale Rolle nimmt dabei unser Boden ein. Steigerung der Bodenfruchtbarkeit durch konsequenten und systematischen Humusaufbau hilft Trockenperioden besser zu überstehen. Das ist der direkte Vorteil – der indirekte Vorteil davon ist, dass Humus ein Kohlenstoffspeicher ist und CO_2 aus der Luft bindet.

Neue – besser angepasste – Kulturen und Sorten

Klimawandel ist in gewisser Weise ein darwinistischer Prozess: Es gibt geänderte Bedingungen – wärmer und trockener –, und unter diesem Szenario gibt es Gewinner und Verlierer. Sojabohne – als wärmebedürftige Kultur – gehört tendenziell zu den Gewinnern. Im Futterbau wird die Luzerne – als eine besonders trockentolerante Kultur – wohl künftig eine größere Rolle spielen. Die Trockentoleranz der Luzerne kommt dabei nicht von ihrem besonders sparsamen Umgang mit Wasser, sondern von ihrem unschlagbar tief reichenden Wurzelsystem.

Eine zentrale Rolle in der Bewältigung des Klimawandels wird jedenfalls die Pflanzenzüchtung spielen. Allerdings ist Pflanzenzüchtung ein langwieriger Prozess: Von der Kreuzung im Zuchtgarten bis zur neuen Sorte am Markt vergehen 10 bis 15 Jahre. Die Landwirtschaft ist gut beraten, sich darum zu sorgen, dass es eine möglichst große Anzahl regional verankerter Züchtungsunternehmen gibt. Klimawandelanpassung wird die zentrale Herausforderung der Pflanzenzüchtung werden.

Eiweißstrategie – Soja hat noch Potenzial

Die unmittelbaren Voraussetzungen für eine Ausweitung des Sojaanbaus sind sicher günstig zu sehen. Europa hat einen riesigen Importbedarf an Eiweißfuttermitteln. Der Großteil davon ist gentechnisch verändert – ein Umstand, der immer kritischer gesehen wird. Der Anbau in Europa ist gentechnikfrei, und dies wird – diese Prognose kann man sicher wagen – auch mittelfristig so bleiben. Eine bessere eigene Versorgung mit Eiweiß schließt auch „offene Kreisläufe". Mit den Eiweißimporten werden auch erhebliche Mengen an Stickstoff mitimportiert. Das Thema der mangelnden Eiweißversorgung ist inzwischen auch in Europa „angekommen". Die EU-Kommission hat im Jahr 2018 einen Strategieprozess gestartet, die Eiweißversorgung der EU nachhaltig zu verbessern durch mehr Eigenproduktion, weniger Importe, damit einhergehend auch vielerlei ökologischer Vorteile wie aufgelockerte Fruchtfolgen, Reduktion der direkten und indirekten Treibhausgasemissionen etc.

Aktive Sojazüchter in Europa

Positiv zu beurteilen ist die Sortenentwicklung bei Sojabohne. Es gibt in Europa eine recht vitale Szene in der Sojazüchtung. Mehrere Züchtungsunternehmen in Frankreich, Österreich, der Schweiz, Deutschland, aber auch in osteuropäischen Ländern wie Serbien beschäftigen sich sehr intensiv und durchaus erfolgreich mit Sojazüchtung. Der Aufschwung der Sojabohne in den letzten Jahren war mit Sicherheit auch auf das immer besser werdende Sortenmaterial zurückzuführen. Aktuell werden in der EU etwa 1 Million ha Sojabohnen angebaut. Mittel- bis langfristig besteht erhebliches Potenzial, diese Fläche zu steigern. Soja konkurriert in der Fruchtfolge am ehesten mit (Körner-)Mais. In der EU gibt es eine Getreidefläche (inklusive Mais) von ca. 55 Millionen ha (Quelle: COPA: EU cereal production 2018). Etwa 8 Millionen ha davon sind Körnermais. Manche Länder, wie beispielsweise Österreich, verfügen heute schon über eine Sojaanbaufläche von einem Drittel der Maisfläche. Umgerechnet auf EU-Ebene wären dies etwa 2,5 Millionen ha. Bei einem Ertrag von 3 t/ha würde sich eine Sojaernte von 7,5 Millionen ha ergeben – dies wäre ein beachtlicher erster Schritt. Potenzial gibt es vor allem in den flächenstarken EU-Ländern mit hohem Maisanteil an der Ackernutzung. Konkret wären dies Frankreich, Deutschland, Spanien, Griechenland. Italien hat schon heute einen sehr hohen Flächenanteil bei Soja. In den neuen Mitgliedsländern gibt es sicher Potenzial in Bulgarien, Ungarn, Rumänien, Slowenien und Slowakei – bedingt in Polen und Tschechien.

Österreich ist Vorreiter

Österreich nimmt schon heute eine Sonderstellung ein. Mit zuletzt 67.000 ha Anbaufläche im Jahr 2018 waren 5 % der Ackerfläche mit Soja angebaut. Man geht davon aus, dass – je nach Marktentwicklung oder auch sonstigen Rahmenbedingungen – die Fläche auf bis zu 100.000 ha ausgeweitet werden kann. Damit dies gelingen kann, bedarf es auch vieler pflanzenbaulicher Optimierungsschritte, denn der Anbau von Soja oder auch anderer Eiweißfrüchte ist nicht Selbstzweck, sondern muss sich für den Landwirt rechnen. Was man pflanzenbaulich tun kann oder welche Optimierungsschritte es gibt oder wie man letztlich erfolgreich Soja anbaut – dazu soll Ihnen dieses Fachbuch Antworten auf Ihre Fragen geben.

https://bit.ly/2PLLMTo

EIWEISSPFLANZEN: FRAGEN FÜR DIE PRÜFUNGSVORBEREITUNG

1. Nennen Sie drei essentielle Bestandteile unserer Nahrung.
2. Wozu benötigt der Körper Proteine?
3. Nennen Sie zwei bedenkliche Entwicklungen bei der Produktion von Soja in den USA und Südamerika.
4. Welche Bedeutung haben Feldfutterpflanzen wie Luzerne oder Klee für die menschliche Ernährung?
5. Nennen Sie den botanischen Namen und die Heimat der Sojabohne.
6. Zählen Sie die wichtigsten Meilensteine in der geschichtlichen Entwicklung der Sojabohne auf.
7. Welche ernährungsphysiologischen Eigenschaften haben Sojabohnenerzeugnisse und Sojaöl?
8. Wer war Professor Friedrich Haberlandt und welche Bedeutung hatte er für den Sojaanbau?
9. Wie wirkt sich der Brexit auf den Proteinpflanzen-Anbau der EU aus?
10. Beschreiben Sie die Entwicklung des Körnerleguminosenanbaus (Ackerbohne, Erbse, Lupine) in Österreich.
11. Welche europäischen Staaten haben im Sojaanbau die größte Bedeutung?
12. Wie hat sich die globale Sojaproduktion in den vergangenen Jahrzehnten entwickelt?
13. Welcher Anteil der weltweiten Ölsaatenproduktion entfällt auf Soja?
14. Welches versorgungspolitische Problem kann sich aus der globalen Produktionsstruktur von Soja ergeben?
15. Erklären Sie die Zusammenhänge von Soja und Gentechnik in Zusammenhang mit der Produktion in den USA, in Brasilien und in der EU.
16. Beschreiben Sie die Auswirkungen des Klimawandels auf die einzelnen Proteinpflanzen-Kulturen.
17. Erklären Sie in Grundzügen die Eiweißstrategie der EU.

PROTEINPFLANZEN

PFLANZENBAULICHE ASPEKTE

SOJABOHNE

BIOLOGIE DER SOJABOHNE

Die Gattung Sojabohne gehört zur Familie der Leguminosen (Fabaceae), zur Unterfamilie der Lotoideae und zum Stamm der Phaseoleae. *Glycine ussuriensis* – die Wildform unserer heutigen Kulturpflanze – stammt aus Ostasien, hat feine Stängel, rankt sich hoch oder kriecht am Boden.

Die heutige Kultursojabohne *(Glycine max)* ist eine einjährige Pflanze, von der es in Mitteleuropa eine sehr große Variation zwischen den Genotypen in der Wuchshöhe (von 30 bis 200 cm) und der Verzweigung gibt. Der aufrechte Stängel ist rundlich, das erste Laubblattpaar gegenständig, langstielig und ungeteilt. Die nachfolgenden Blätter bestehen aus drei ganzrandigen Fiederblättern und sind wechselständig. Die gesamte Sojapflanze ist meist fein behaart.

In den Blattachseln sitzen die kleinen unscheinbaren, weißen oder hellvioletten Blütchen. Die Sojabohne ist ein Selbstbefruchter. Zu einer natürlichen Fremdbefruchtung kommt es nur in 0,5 % der Fälle und der seltene Grund dafür sind Insekten, die in die Blüte eindringen.

In den 2 bis 7 cm langen Hülsen finden sich 1 bis 6 Samen. Die Samen können rund, rund oval oder eiförmig sein. Die Farbe der Samen variiert von Hellgelb, Goldgelb bis hin zu Braun, Grün oder sogar Schwarz, und sie können auch gescheckt, gesprenkelt oder marmoriert sein. Der Nabel kann ebenfalls verschiedene Farben annehmen, je nach Linie von Hellgelb bis Schwarz. Auch in der Größe gibt es starke Variationen, wobei die mitteleuropäischen Sorten zwischen einem Tausendkorngewicht von 100 bis 240 g schwanken.

WUCHSTYPEN

Bei der Sojabohne wird zwischen drei verschiedenen Wuchstypen unterschieden. Sie werden als indeterminierter, semi-determinierter und determinierter Wuchs bezeichnet. Diese Begriffe beziehen sich vor allem auf das Wachstum des Haupttriebs und auf die Blütenbildung. Indeterminierte Wuchstypen wachsen nach der Blütenbildung weiter und damit während der gesamten Vegetationszeit. Sie haben eine höhere Nodienzahl und bilden mehr Verzweigungen. Geraten indeterminierte Typen in Stress, wie Blütenabwurf infolge eines Kälteeinbruchs, so sind sie in der Lage, diesen besser zu kompensieren.

Sojablüte.

Der determinierte Wuchstyp zeichnet sich wiederum durch den Wachsstumsstopp des Haupttriebes nach dem Sichtbarwerden der ersten Blüte aus. Die Blüten und damit auch die Hülsen sind traubenartig angeordnet. Die Zwischenstellung der beiden Wuchstypen nimmt der semi-determinierte Typ ein. Indeterminierte Pflanzen sind in der Regel höher im Wuchs als die beiden anderen Wuchstypen. Die semi-determinierten oder determinierten Pflanzen sind durch ihren kürzeren Wuchs weniger lageranfällig.

FOTOPERIODISMUS

Die Sojabohne ist von Natur aus eine Kurztagspflanze. Die Blüte wird bei Kurztagspflanzen durch eine entsprechend kurze Tageslänge bzw. lange Nacht induziert, denn im Dunkeln läuft in der Pflanze eine biochemische Umbaureaktion ab. Wird die Dunkelphase unterbrochen oder ist sie zu kurz, blüht die Pflanze nicht, weil diese Reaktion nicht im nötigen Ausmaß erfolgt und die Pflanze nicht in die generative Phase wechselt.

Die Tageslänge spielt damit für die Blüte die wichtigste Rolle, aber auch höhere Temperaturen sind entscheidend. Wärmere Nächte lassen die Pflanzen früher blühen als kältere bei gleich langer Dunkelphase. Schlussendlich muss die Pflanze, um zu blühen, auch ein bestimmtes vegetatives Stadium erreicht haben, nämlich zumindest 3 entfaltete Fiederblätter am Hauptstamm.

Der Fotoperiodismus der Sojabohne ergibt damit für den Anbau im nördlichen gemäßigten Klima ein Problem. Durch die erforderliche Keimtemperatur von 8 bis 10 °C resultiert ein relativ später Saattermin. Somit kommen die Bestände mit ihrem Wachstum bereits in den Langtag und die Pflanze erst später in die Blüte. Die Phase des vegetativen Wachstums verlängert sich dadurch, der Fruchtansatz vermindert sich und es kommt zu einer späteren Reife.

Mittlerweile wurde die fotoperiodische Bindung, in diesem Fall der Kurztag, durch züchterische Maßnahmen gelockert, und es gibt Sojapflanzen, die tagneutral sind oder sogar den Charakter von Langtagpflanzen übernommen haben und daher besser an die mittel- und nordeuropäischen Bedingungen angepasst sind.

Knöllchenansatz.

STICKSTOFFFIXIERUNG

Die Sojapflanze verfügt über eine ausgeprägte Pfahlwurzel mit zahlreichen Nebenwurzeln. Der Großteil der Wurzelmasse befindet sich in der Krume, obwohl die Wurzeln der Sojapflanze bis in eine Tiefe von 2 m vordringen können.

Sind spezifische symbiotische Bakterien, konkret *Bradyrhizobium japonicum,* im Boden vorhanden, dann bilden sich an den Wurzeln sogenannte Knöllchen. Etwa eine Woche nach dem Auflaufen des Sojakeimlings, nachdem das Bakterium die Wurzelhaare infiziert hat, bildet die Pflanze diese Knöllchen, die vorwiegend aus parenchymatischem Gewebe bestehen.

Die Bakterien und die Pflanze leben in einer Symbiose. Während die Pflanze über die Fotosynthese die Assimilate an die Bakterien liefert, stellen die Bakterien der Sojapflanze Ammoniumionen aus reduziertem Luftstickstoff zur Verfügung. Für die Fixierung von 1 g Luftstickstoff werden etwa 6 bis 10 g Kohlenstoff benötigt. Damit stellt diese Luftstickstofffixierung für die Pflanze eine Belastung des Stoff- und Energiehaushalts dar, allerdings kann sie dafür den sonst nicht pflanzenverfügbaren Luftstickstoff nutzen.

Bereits 10 bis 14 Tage nach dem Auflaufen kann die Pflanze den Großteil des Stickstoffbedarfs durch die Symbiose mit dem Bodenbakterium decken. Die aktiven Knöllchen sind im Inneren an der roten Farbe zu erkennen. In dieser aktiven Phase sind sie 6 bis 7 Wochen, ehe sie wieder zerfallen. Während der Vegetation werden immer wieder neue Knöllchen gebildet. Spätestens zur Kornfüllungsphase sterben aber alle Knöllchen ab, weil ab diesem Zeitpunkt die Assimilate an die sich bildenden Samen gehen und die Bakterien damit buchstäblich verhungern.

70 bis 80 % des Stickstoffbedarfs kann über diese Symbiose gedeckt werden, der Rest über den Boden, und dies in erster Linie, wenn sich wenig Reststickstoff im Boden befindet. Nitrat im Boden hemmt die Knöllchenbildung dramatisch, wofür es trotz zahlreicher Studien bis dato keine sichere Erklärung gibt.

INHALTSSTOFFE UND VERWENDUNG

Sojasamen bestehen in etwa von 37 bis 40 % aus Protein, von 18 bis 21 % aus Fett, 34 % Kohlenhydrate und 4,9 % Asche. Damit ist Soja eine Kultur mit ungewöhnlicher Kombination von Protein und Fett. Aber auch die Qualität der Inhaltsstoffe ist hoch und daher ernährungsphysiologisch besonders wertvoll. Sojaprotein besteht zu 39 % aus essenziellen Aminosäuren, deren Verdaulichkeit wesentlich höher ist als in anderen Eiweißpflanzen. Der Lysin- und Methioninanteil ist hoch, aber in Summe etwas geringer als bei Fleisch oder Milch.

Während in Asien das Hauptaugenmerk des Sojaanbaus auf der Gewinnung von Sojaöl liegt und der Presskuchen als Nebenprodukt gilt, ist es in Europa genau umgekehrt. Hier wird Soja wegen des hochwertigen Proteins in erster Linie als Eiweißfuttermittel eingesetzt und das bei der Pressung anfallende Öl spielt auf dem Markt nur eine Nebenrolle.

Eine Herausforderung in der Nutztierfütterung stellen die verdauungshemmenden Trypsininhibitoren dar, vor allem für Monogastrier wie Schweine und Geflügel. Durch die Behandlung mit heißem Wasserdampf, dem sogenannten Toasten, wird dieser Hemmstoff zerstört. In der Rinderfütterung können auch ungetoastete

© LK OÖ/Helmut Feitzlmayr

Speisesoja.

Sojabohnen eingesetzt werden. Ab einem Alter von 4 Monaten sind Wiederkäuer in der Lage, das Eiweiß in der Sojabohne aufzuschließen. Schweine können nur etwa 50 % von ungetoasteten, vollfetten Sojabohnen aufschließen, womit diese nicht mehr als 10 % in der Futterration ausmachen dürfen. Daran leidet in der Schweinemast die Speckqualität. Bei Geflügel ist ein hoher Fettgehalt sogar von Vorteil.

Bei Sojapresskuchen erreicht man bereits einen Fettgehalt von 6 bis 13 %. Mit dem Lösungsmittel Hexan erfolgt der Ölentzug bei der großindustriellen Herstellung von Sojaextraktionsschrot und reduziert dabei den Fettgehalt auf 0,5 bis 1,5 %. Sojaextraktionsschrot darf aufgrund des Einsatzes von Hexan im Biolandbau nicht eingesetzt werden. Bei gleichzeitiger Inaktivierung des Trypsininhibitors wird mit Sojaextraktionsschrot ein hochwertiges Eiweißfuttermittel mit 42 % Protein gewonnen. Wird die Sojabohne zudem im industriellen Prozess geschält, erhöht sich der Proteingehalt auf 48 %. Man spricht hier von HP oder „High-Protein"-Soja. Aber auch auf dem züchterischen Weg gelingt es bereits, über einzelne neue Sorten die Wirkung des Trypsininhibitors auszuschalten.

Der Fettanteil in der Sojabohne teilt sich auf in 48 bis 52 % Linolsäure, 4 bis 12 % Linolensäuren und nur wenig Palmitin- und Stearinsäure. Durch den hohen Gehalt an mehrfach ungesättigten Fettsäuren und die Cholesterinfreiheit ist das Öl der Sojabohne ernährungsphysiologisch sehr wertvoll und wird in der Ernährung vor allem als Salat- und Speiseöl sowie als Margarine genutzt.

Der hohe Anteil an Linolsäure hat jedoch den Nachteil, dass das Sojaöl rasch oxidiert und damit schlecht konservierbar ist. Wird die Bohne mechanisch bearbeitet, so sinkt die Lagerdauer mit zunehmendem Fettgehalt. Vollfette geschrotete Sojabohne hat eine Lagerdauer von max. 2 Monaten, ehe sie ranzig wird. Getoastete Sojabohne ist dagegen bei sachgerechter Lagerung 8 bis 10 Monate lagerfähig. Wird getoastete Sojabohne allerdings vorgeschrotet, sinkt die Lagerfähigkeit wieder auf 3 Monate.

Auch der Anteil an Phospholipiden bzw. Lecithin ist hoch und kann gewonnen werden. Sojalecithin findet in der Lebensmittelindustrie als Emulgator breite Anwendung. Zudem enthält Sojabohne 1 bis 3 % Isoflavone, die aufgrund ihrer antioxidativen Wirkung bei hormonabhängigen Beschwerden sehr gesundheitsfördernd sind. Sojabohne ist auch frei von Lactose und damit in Form von Sojamilch ein ausgezeichneter Milchersatz für Menschen mit Lactoseintoleranz.

Der Sojabohnenanbau ist meist vertraglich geregelt, weil in der Lebensmittelproduktion auf bestimmte Kriterien Wert gelegt wird. So werden in erster Linie hellnabelige Sorten ohne Samenflecken vorgeschrieben, die 42 bis 45 % Rohprotein in der Trockensubstanz erreichen müssen. Neben der Bohnenfarbe wird in der Speisesojaerzeugung auch ein hoher Wert auf Reinheit und Steinfreiheit des Ernteguts gelegt.

Für die Tofuherstellung werden zusätzlich 90 % Eiweißlöslichkeit gefordert. Tofu gilt in Asien als vollwertiges Nahrungsmittel und wird, ähnlich wie Frischkäse, aus Sojamilch hergestellt. Über verschiedene Fermentationsverfahren werden weitere Sojaprodukte wie Tempeh, Natto und Miso hergestellt, die auch in Europa in die vegane Küche eingezogen sind.

Industriell wird Sojaöl hauptsächlich zur Produktion von Biodiesel und Sojamethylester verwendet, zudem für die Erzeugung von Alkydharzen, Anstrichfarben, Spachtelmassen sowie für die Herstellung von Kosmetik- und Körperpflegemitteln.

Die noch grünen Bohnen gekocht und aus der Hülse gedrückt, genannt Edamame, eine Delikatesse in der japanischen Gastronomie.

KLIMATISCHE STANDORTVORAUSSETZUNGEN

International werden die Sojasorten in 13 Reifegruppen eingeteilt, und zwar von 000 (sprich „dreifach-null“, sehr frühreif) bis X (sprich „zehn“, tropisch). In jüngster Zeit sind auch extrem frühe 0000- und 00000-Sorten für kühle Lagen dazugekommen, die auch noch unter Langtagbedingungen gedeihen. Die späten Reifegruppen I bis X sind nur für den Anbau im Süden der USA oder in Südamerika geeignet. Im kühl-gemäßigten Klima Mittel- und Nordeuropas stellen, wie in Kanada, die 000-Sorten die wichtigste Reifegruppe dar. In den Gunstlagen Mitteleuropas kommen südlich des 48. Breitegrades auch 00-Sorten zum Einsatz, im südeuropäischen Raum wie Italien und Südfrankreich auch Sorten der Reifegruppen 0 und I (s. Tabelle 4, S. 36).

Die Sojabohne bevorzugt warme, regenreiche Sommer und ein trockenes Klima im Herbst. Die Anbaugebiete von Soja decken sich weitestgehend mit jenen des Körnermaises. Die guten Ackerbaulagen Österreichs, Bayerns und Baden-Württembergs sind daher für den Sojaanbau besonders geeignet.

Eingangs dieses Buches wurde bereits ein Einblick in den Sojaanbau Europas gegeben. Bevor wir nun in die pflanzenbaulichen Details einsteigen, sehen wir uns die Standortvoraussetzungen und die Möglichkeiten der Flächenentwicklung in Deutschland und Österreich im Detail an.

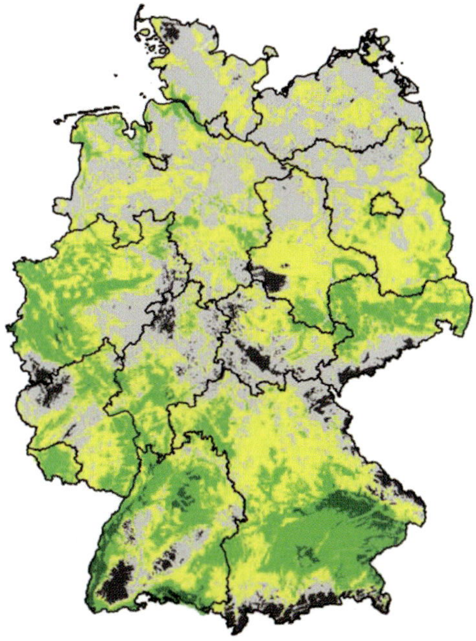

Potenzielle Sojaanbaugebiete in Deutschland.

Deutschland

Das Julius Kühn-Institut (JKI) hat zusammen mit dem deutschen Sojaförderring auf Grundlage von Erkenntnissen aus deutschlandweiten Anbauversuchen eine Bewertung der verschiedenen Agrarräume hinsichtlich Eignung für den Anbau von Sojabohne vorgenommen. Im Jahr 2018 lag die Sojaanbaufläche in Deutschland bei 23.900 ha, wobei mit 12.400 ha etwa die Hälfte in Bayern angebaut wurde. Das Potenzial für den deutschen Sojaanbau liegt allerdings laut obiger Bewertung bei Flächen im Umfang von 780.000 ha (siehe Grafik). Die Bewertung wurde hinsichtlich Wärme-, Wasserangebot und Bodengüte vorgenommen. Die Anbaugebiete im Süden Deutschlands benötigen vorrangig 000-Sorten, in den Weinbaugebieten sind auch 00-Sorten möglich. In Norddeutschland sind nur bei günstigem Mikroklima frühe 000-Sorten möglich. Diese kühleren Regionen sind aber, wie der gesamte nordeuropäische Raum, aufgrund der Langtagbedingungen vorrangig ein Gebiet für 0000- und 00000-Sorten, wobei Letztere im Ertrag stark abfallen.

Bei einem durchschnittlichen Ertragsniveau von 2,5 bis 3 t/ha, das im Osten bis zur A2 (Hannover–Magdeburg–Berlin) erreicht werden kann, können Sojabohnen mit 5 t/ha Erbsen und Ackerbohnen oder 7,5 t/ha Weizen konkurrieren, die nach späträumenden Vorfrüchten (Zuckerrüben, Körnermais) nicht sicher erreicht werden. Im Süden liegen die Sojaerträge über mehrere Jahre hinweg zwischen 3,3 und 4,5 t/ha. (Quelle: NU Agrar GmbH, Grünes Info, 1/2019)

Österreich

In Österreich wurden 2018 bereits 67.623 ha Soja angebaut (siehe Grafik). Laut Flächenstatistik der AMA erfolgte 2019 sogar noch eine Steigerung auf 69.129 ha, bewirtschaftet von

9.031 Betrieben. Eine Schätzung der Landwirtschaftskammer Oberösterreich im Jahr 2018 geht davon aus, dass eine Steigerung der Anbaufläche bis 2030 auf 100.000 ha in Österreich sinnvoll und möglich wäre.

In Österreich stellen 000-Sorten entlang des Westbahngebiets Ober- und Niederösterreichs das Hauptsegment dar. In Grenzlagen des Sojaanbaus werden vor allem frühreife Sorten der 000-Gruppe empfohlen. Auch in der Steiermark und in Kärnten stellen die 000-Sorten einen bedeutenden Anteil dar, wo vor allem im späteren Segment dieser Reifegruppe gute Ertragsfortschritte erzielt werden.

Die 00-Sorten sind dagegen das meist angebaute Segment im Burgenland, im Weinviertel, in Kärnten und der Steiermark; es gab essenzielle Sortenfortschritte in diesem Segment in den letzten Jahren, womit frühe 00-Sorten auch in oberösterreichischen Gunstlagen erfolgreich angebaut werden. 0-Sorten haben in Österreich nur eine geringe Bedeutung.

Die 000-Sorten reifen etwa 14 Tage früher ab als die 00-Sorten, aber auch innerhalb einer Reifegruppe sind im langjährigen Schnitt 8 bis 9 Tage Unterschied, bei einem feuchten Septem-

Internationale Reifegruppe	Reifeeinstufung BSL Österreich	
	Stufe	Beschreibung
0000	1	sehr früh
	2	sehr früh bis früh
000	3	früh
	4	früh bis mittel
	5	mittel
00	6	mittel bis spät
	7	spät
0	8	spät bis sehr spät
	9	sehr spät

Tabelle 4: Unterteilung der Internationalen Reifegruppen in Reifeeinstufungen der österreichischen Beschreibenden Sortenliste (Quelle: nach Mechtler 2010, verändert)

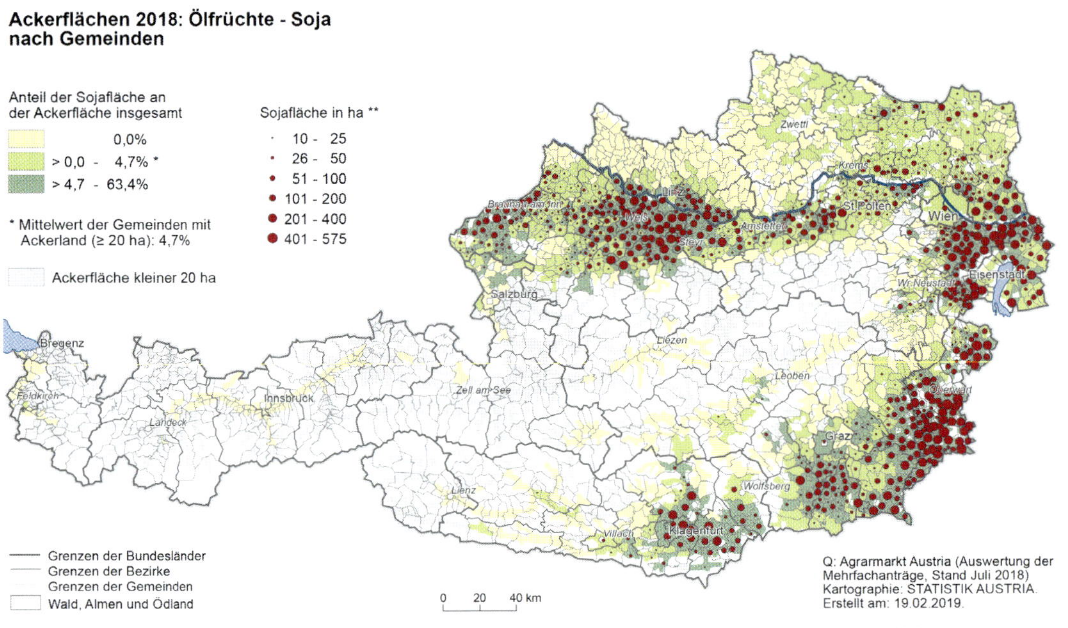

Quelle: http://www.statistik-austria.at/web_de/statistiken/wirtschaft/land_und_forstwirtschaft/agrarstruktur_flaechen_ertraege/bodennutzung/index.html

ber auch mehr. Gerade bei der Ausweitung des Sojaanbaus in die Randlagen ist für Österreich die Einteilung in die internationalen Reifegruppen zu grob. Darum wurden von der Arbeitsgemeinschaft für Lebensmittel-, Veterinär- und Agrarwesen die in Österreich gelisteten Sorten in einer neunteiligen Skala von 1 = sehr früh bis 9 = sehr spät anhand der internationalen Reifegruppen in ihrer Abreife genauer eingestuft. Jede Stufe entspricht in etwa 2 bis 3 Tagen in der Abreife. Diese Reifeeinstufungen werden von der AGES in der beschreibenden Sortenliste verwendet. In der Tabelle 4 ist auch eine Reifegruppe 0000 angeführt, allerdings ist in Österreich derzeit in dieser Gruppe keine Sorte zugelassen.

Als wärmeliebende Pflanze hat sich die Sojabohne in Österreich am stärksten im Burgenland mit 23.388 ha etabliert, auf einer Fläche, die der aktuellen Anbaufläche von ganz Deutschland entspricht. Interessant ist in diesem Zusammenhang auch, dass mit 49 % etwa die Hälfte der burgenländischen Sojabohne biologisch produziert wird.

Auch im flächenstärksten Bundesland Niederösterreich wird auf 48 % der 20.147 ha Sojafläche biologisch produziert. Bei beiden Bundesländern handelt es sich vorwiegend um das klassische Trockengebiet Österreichs mit Niederschlägen von 450 bis 600 mm pro Jahr. So erhalten das östliche Waldviertel (Unteres Kamptal), das Weinviertel (Laaer Ebene), das Wiener Becken und das Nordburgenland weniger als 600 mm Niederschlag im Laufe eines Jahres. Als niederschlagsärmster Ort Ostösterreichs kann Retz mit knapp unter 450 mm genannt werden.

Im Gegensatz zu den Feuchtlagen in Oberösterreich und der Steiermark liegen im Trockengebiet ideale Voraussetzungen für eine mechanische Unkrautbekämpfung (Striegel, Hacke) vor, da nach der Bearbeitung ein Austrocknen und Absterben der gehackten Unkräuter erfolgen kann und zudem kaum Erosionsgefahr besteht. Dieser Sachverhalt erklärt die hohe Affinität zum Biosojaanbau in Ostösterreich.

In der Tabelle 6 auf der nächsten Seite sind die aktuellen Sojasorten aus der Österreichischen Sortenliste für das Alpenvorland gelistet. Die Tabelle beginnt oben mit der frühesten 000-Reifegruppe Stufe 2 und geht stufenweise nach unten bis zur spätesten 00 Reifegruppe Stufe 7.

Der Großteil der angeführten Sorten stammt aus dem sehr erfolgreichen Sojazuchtprogramm der Saatzucht Donau und erreicht im Alpenvorland Ertragsniveaus von 3000 bis 5000 kg/ha.

Das Ertragspotential ist für Landwirte das wichtigste Kriterium bei der Sortenwahl. Neben der Reifeeinstufung sind jedoch Jugendentwicklung, Wuchshöhe, Tausendkorngewicht, Neigung zur Lagerung, Kornausfall oder *Sklerotinia* wichtige Kriterien eine Sorte zu wählen. In der Sortenwertprüfung werden von der AGES Einstufungen in den genannten Kriterien vorgenommen und von 1 (gering ausgeprägt) bis 9 (stark ausgeprägt) eingeteilt.

Ebenso sind in der Tabelle 6 die Metribuzinunverträglichkeit, Korn- und Proteinertrag sowie der Ölgehalt der Sorten angeführt. Besonders gute Einstufungen sind grün eingefärbt, eher nachteilige Einstufungen gelb. Die Sortengesundheit gewinnt jedenfalls immer stärker an Bedeutung.

Bundesland	Sojafläche in ha	Konventionell in ha	Biologisch in ha	Biologisch in %
Burgenland	23.388	11.813	11.575	49
Niederösterreich	20.147	10.314	9.833	48
Oberösterreich	15.545	14.106	1.439	9
Steiermark	6.231	5.796	435	7
Kärnten	3.624	2.608	1.016	28
Österreich	**69.129**	**44.763**	**24.366**	**35**

Tabelle 5: Sojaanbauflächen in Österreich 2019 und Bioanteil
Quelle: Zusammengestellt auf Basis Flächenstatistik der AMA; LK OÖ DI Helmut Feitzlmayr, 2019

Tabelle 6: Aktuelle Sojasorten für das Alpenvorland und ihre pflanzenbaulichen Eigenschaften

Anbei finden Sie einen Überblick über interessante Sojabohnensorten für den Frühjahrsanbau 2019 (Beschreibende Sortenliste AGES):

Sorte	Vertrieb	Zulassungsjahr	Reifegruppe	Reife	Jugend-entwicklung	Wuchshöhe	Lagerung	TKG	Kornausfall	Sklerotinia	Metribuzin Unverträglichkeit	Kornertrag % Alpenvorland	Proteinertrag % Alpenvorland	Ölgehalt
Abelina	SB	2014	000	2	7	5	6	2	3	3		91	88	7
Alexa	PSZ	2015	000	2	5	3	3	1	4	5		91	91	5
Obelix	DS	2014	000	2	8	3	3	8	4	4		95	92	6
Aurelina	SB	2018	000	3	7	5	3	6	2	3		111	116	4
Sultana	PSZ	2009	000	3	6	3	3	4	3	4		90	91	5
Marquise	PSZ	2017	000	3	7	4	4	5	2	4		100	100	6
Viola	PSZ	2015	000	3	5	4	5	2	2	5		97	97	5
Regina	SB	2016	000	4	7	3	4	6	4	5		97	99	4
ES Senator	DS	2012	000	4	6	5	4	4	2	3	ja	101	101	6
Acardia	PSZ	2018	000	4	7	5	4	5	2	3		115	106	7
Galice	DS	2015	000	4	5	3	4	5	3	4		101	95	8
RGT Shouna	PSZ	2015	000	4	7	5	4	3	2	5		105	105	5
SY Livius	SB	2013	000	4	6	5	4	5	2	4		109	109	6
RGT Siroca	PSZ	2017	00	5	6	3	2	5	2	4	ja	96	99	4
Bettina	SB	2016	00	5	6	5	4	5	2	3		104	97	7
Angelica	PSZ	2017	00	6	7	7	5	6	2	5		104	104	6
Atacama	PSZ	2018	00	6	7	5	3	6	2	3	ja	109	108	5
Sigalia	PSZ	2009	00	6	6	6	4	6	3	6		96	96	5
ES Mentor	SB	2010	00	6	6	4	2	5	2	4	ja	94	96	4
Albenga	SB	2017	00	7	6	6	2	6	2	4		101	102	4

Quelle: AGES, beschreibende Sortenliste; 1 = gering ausgeprägt, 5 = mittel, 9 = stark ausgeprägt (seit 11/2018 geänderte Ausprägungsstufen!)

Vertrieb: DS = Die Saat; PSZ = Probstdorfer Saatzucht; SB = Saatbau

Anmerkung: Die Relativerträge sind nur innerhalb einer Reifegruppe, aber nicht zwischen den Reifegruppen vergleichbar.

ANSPRÜCHE AN DIE WITTERUNG

Temperaturen in der Vegetation

Sojabohnen können ab einer Temperatursumme ($T\sum$) von 1450-°C-Tagen von der Aussaat bis zur Ernte angebaut werden. Die Temperatursumme wird auf der Basis von 6 °C berechnet, denn bei Temperaturen unter 6 °C wachsen Sojabohnen nicht. Bei der Berechnung der Temperatursumme werden tägliche Mittelwerte aus der Minimumtemperatur (über 6 °C) und der Maximumtemperatur (bis 30 °C) von der Saat bis zur Ernte summiert.

$TD;\ 6\,°C = (T_{min} + T_{max})/2\text{-}T_{Basis}$

$T_{Basis} = 6\,°C,\ T_{max} > 30$ ist $T_{max} = 30$, TD;
$6\,°C < 0$ ist TD; $6\,°C = 0$

$T\sum = TD;\ 6\,°C \times$ Vegetationstage (Saat – Ernte)

Mit dieser Formel kann auf der Basis langjähriger Wetterdaten die Temperatursumme zwischen der Aussaat (Bodentemperatur über 8 °C) bis zu einem sicheren Druschtermin (Mitte September) berechnet werden.

Auf der Website der Österreichischen Hagelversicherung können die Temperatursummen bis auf Gemeindeebene abgerufen werden und auf diese Weise die Voraussetzungen für eine Anbaueignung geprüft werden.

Spätfröste von −3 bis −6 °C im Mai können Sojabohnen in der Jugendentwicklung gut aushalten und dies besser als der Mais. Kritisch wirken sich aber niedrige Temperaturen (unter 10 °C) während der Blüte aus. Diese können zum Blütenabwurf führen. Optimal sind Temperaturen um 25 °C zur Blüte. (Quelle: NU Agrar GmbH, Grünes Info, 1/2019)

Bedarf an hoher Einstrahlung

Die Sojabohne benötigt bereits beim Feldaufgang und dann in der Blüte, die 2 bis 5 Wochen lang dauern kann, eine hohe Einstrahlung. Die geringe Strahlung dürfte v. a. im Westen und Nordwesten Deutschlands die Erträge begrenzen und könnte somit den Anbau sogar ausschließen.

In den höheren Lagen der deutschen Mittelgebirge bewirkt die höhere Strahlung eine zügigere Entwicklung. Dadurch können niedrigere Temperaturen z. T. kompensiert werden. (Quelle: NU Agrar GmbH, Grünes Info, 1/2019)

Wasserbedarf

Soja verträgt auch schwächere Standorte, wie beispielsweise leichte Böden. Allerdings steigt dort das Ertragsrisiko stark an, denn sie braucht speziell im Sommer zum Zeitpunkt der Blüte und danach eine gesicherte Wasserversorgung. Da der Wasserbedarf vor allem ab der Blüte und zur Kornausbildung hoch ist (Juli/August), ist eine ausreichende und kontinuierliche Wasserverfügbarkeit, entweder durch Sommerniederschläge oder Beregnungsmöglichkeiten, sehr wichtig. Wassermangel mindert den Kornansatz, das Korngewicht und den Proteingehalt erheblich.

Das extreme Trockenjahr 2018 zeigte allerdings, dass der oben zitierte Wasserbedarf der Sojabohne nicht nur über Niederschläge oder Beregnung, sondern auch über tiefgründige, gut strukturierte Böden mit funktionierender Kapillarwirkung sichergestellt werden kann.

So wurden bei nur 145 mm Niederschlag (Anbau bis zur Ernte) am 21.08.2018 in großflächigen Versuchen der Landwirtschaftskammer Oberösterreich am Standort Pasching sieben 000-Sojasorten mit durchschnittlich 3.166 kg/ha geerntet. Weitere vier 00-Sorten wurden am selben Standort etwa 2 Wochen später, am 06.09.2018, mit durchschnittlich 3.663 kg/ha geerntet, und dies mit geringfügig mehr Niederschlägen, nämlich 213 mm vom Anbau bis zur Ernte. Die Versuchs-

Entwicklungsstadien	Wasserbedarf in mm
Keimung und Auflauf	10 bis 15
Vegetatives Wachstum	60 bis 120
Blüte	80 bis 120
Kornfüllung	100 bis 160
Reife	30 bis 80
Summe	280 bis 495

Tabelle 7: Wasserbedarf für ein Ertragsziel von 2,5 bis 4,5 t/ha
Quelle: Verändert nach NU Agrar GmbH, Grünes Info, 1/2019

flächen lagen auf einem tiefgründigen Parabraunerde-Standort mit 88 Bodenpunkten im oberösterreichischen Zentralraum.

Diese Ergebnisse sind umso beachtlicher, weil es nach dem Anbau am 23.04.2018 insgesamt 8 Wochen nicht geregnet hat und erst zur Blüte und Kornausbildung sowie anschließenden Kornfüllung die wenigen Niederschläge fielen. Mit der Klimaerwärmung und den damit einhergehenden Trocken- und Hitzephasen muss daher höheres Augenmerk auf gesunde, humose Böden mit gutem Wasserhaltevermögen gelegt werden, um damit fehlende Niederschläge über kapillar aufsteigendes Bodenwasser zu kompensieren.

Ein trockenes Saatbeet und anschließend anhaltende Trockenheit.

Tabelle 8: Entwicklungsstadien der Sojabohne

Stadium	Saat	Keimung	Hypokotyl Entwicklung	Kotyledonen Entfaltung	Entwicklung vegetativer Pflanzenteile	Entwicklung der Blütenanlagen	Beginn Blüte	Vollblüte	Hülsen- und Samenentwicklung	Kornfüllung	Bohnenreife
BBCH	0	5–6	7–8	9–10	11–49	51–59	60	65	69–79	80–89	90–99

Quelle: verändert nach Handbuch Pflanzenschutz-Kontrollprogramm Kapitel 10 – Anhang; 2005

Junge Sojapflanzen.

KULTURFÜHRUNG

Soja gilt als einfache, manche meinen sogar anspruchslose, Kultur. Um gute und stabile Erträge erzielen zu können, braucht es jedoch in der Kulturführung fundiertes pflanzenbauliches Wissen und konsequentes Handeln. Sojabohne ist eine wärmeliebende Kulturpflanze, die mit Sicherheit von den geänderten Klimabedingungen der letzten Jahre profitiert hat.

Bodenansprüche

Soja gedeiht besonders auf guten Maisstandorten, verträgt aber auch schwächere Standorte, wie beispielsweise leichte Böden. Allerdings steigt dort das Ertragsrisiko stark, denn sie braucht, wie oben bereits erwähnt, im Sommer zum Zeitpunkt der Blüte und danach eine gesicherte Wasserversorgung. Die Böden sollten mit einem pH-Wert von 6,0 bis 7,0 eine leicht saure bis neutrale Bodenreaktion aufweisen.

Böden mit hoher Stickstoffnachlieferung führen zu Reifeverzögerungen, uneinheitlicher Abreife und Lagergefahr. Steinige Böden sind ungeeignet, da bei der Ernte das Schneidwerk tief abgesenkt werden muss, um auch die tiefer hängenden Hülsen zu ernten. Kaltluftsenken, Spätfrostlagen sowie Waldränder (Wildschäden) sind ebenso zu meiden.

Die Sojabohne ist wegen des sehr späten Reihenschlusses eine ausgesprochen erosionsanfällige Kultur. Gerade deshalb vermindern Mulch- und Direktsaatverfahren das Erosionsrisiko. Auf Standorten mit hoher Erosionsgefährdung sollte allerdings der Anbau grundsätzlich vermieden werden.

Impfung/Inokulation

Europäische Böden kennen den *Rhizobien*-Stamm *Bradyrhizobium japonicum* nicht. Diese Knöllchenbakterien decken bis zu 80 % des N-Bedarfs und steigern erheblich den Ertrag und den Proteingehalt. Bei kühlnasser Witterung nach dem Anbau verzögert sich die Knöllchenbildung, gerade hier ist eine qualitative Impfmittelmenge entscheidend. Nach einer kurzen parasitären Phase, in der sich die Bakterien über die Wurzeln der Sojapflanze ernähren, kommt es zur Symbiose, bei der gemeinsam mit dem Enzym Nitrogenase der „Biokatalysator“ anspringt, der Stickstoff aus der Luft fixiert und der Pflanze zur Verfügung gestellt wird.

Leghämoglobin sorgt Mitte Juni für die Sauerstoffspeicherung und färbt die Knöllchen rot, ähnlich Hämoglobin im Blut. Erst zur Kornfüllung im August endet die N-Fixierung.

Soja Mulchsaat.

Mitte Juni sollte der Knöllchenansatz kontrolliert werden.

© sojafoerderring.de

Aktive Knöllchen sind blutrot gefärbt.

Im österreichischen Agrarhandel wird das Saatgut in der Regel mit einem stark anhaftenden Impfmittel bereits Anfang März fertig vorgeimpft. Die Dauer bis zum Anbau einerseits, aber auch die Wärme beim Transport im Auto oder wenn das Saatgut am Hänger in der Sonne steht, lassen die aufgetragenen Bakterien sterben, und dies kann erheblich Ertrag kosten. Damit wird generell zu einer frischen Impfung des Saatguts direkt zum Anbau, einer sogenannten Zusatzinokulation, geraten. Selbst bei wiederholtem Anbau von Sojabohne ist ein Nachimpfen des Saatguts ratsam.

Für 20 bis 30 €/ha sind die Kosten einer Zusatzinokulation sehr gering, sichern aber Ertrag und Protein. Ziel ist es, möglichst viele lebende Bakterien beim Anbau durch frisches Impfen mit dem Saatgut in den Boden zu bringen.

Die Bakterien sind hochempfindlich gegenüber Sonnenlicht, Wärme, chloriertem Wasser sowie Beizmittelresten in der Sämaschine (Vorsicht beim Einsatz von Lohnsämaschinen!) – das heißt: Impfen am besten in der kühlen, schattigen Maschinenhalle, und dies direkt zum Anbau, kein Impfen auf Vorrat!

Bei Wasserzugabe keinesfalls chloriertes Leitungswasser, sondern Brunnen-, Regen- oder destilliertes Wasser verwenden.

Bei Flüssigimpfmittel mit Polymerkleber (längerer Schutz bei Schlechtwetter) das Saatgut nach dem Impfvorgang ca. 20 Minuten „rasten" lassen und anschließend bei fallweiser Klumpenbildung noch mal händisch durchgehen.

Flüssigimpfmittel werden entweder mit Druckluft über eine Sprühpistole direkt im Saatkasten aufgebracht und händisch eingemischt oder bei größeren Mengen schonend von Big Bag zu Big Bag umgezogen.

© LK OÖ/Helmut Feitzlmayr

Vorgeimpftes Saatgut im Handel.

© LK OÖ/Helmut Feitzlmayr

Händische Flüssigimpfung.

Häufig wird auch eine Betonmischmaschine verwendet mit dem Nachteil zahlreicher Haarrisse im Saatgut, vielen beschädigten bzw. gebrochenen Körnern.

Oberstes Gebot ist es, nur eine absolut saubere Maschine zu benutzen, diese langsam laufen zu lassen und sofort den Mischvorgang beenden, sobald das Mittel verteilt ist.

Größere Mengen und bei Einsatz von Flüssigimpfmittel bzw. Klebern werden gern mit dem Zwangsmischer aufbereitet. Doch auch hier gilt wegen der Gefahr der Beschädigung des Saatguts so kurz wie möglich und schonend zu mischen.

Fruchtfolge

Sojabohne gilt grundsätzlich als selbstverträglich. Allerdings sollte langfristig Soja auch in einer geregelten Fruchtfolge stehen. Hinsichtlich Vorfrucht hat Soja keine besonderen Ansprüche, außer dass der Stickstoffvorrat im Boden möglichst gering sein soll, damit die N-Fixierung durch die Knöllchenbakterien nicht behindert wird. Den von den Knöllchenbakterien gesammelten Stickstoff verwertet naturgemäß Wintergetreide am besten. Winterweizen nach Sojabohne kann daher ohne Weiteres auch mit Direktsaat – jedenfalls ohne vorherigen Pflugeinsatz – angebaut werden.

Bei zu engen Anbauabständen wurde bei Soja ein steigender Druck mit *Sklerotinia* beobachtet. Ebenso zu Raps, Sonnenblume, aber auch zu Kartoffel und Ölkürbis sollte daher ein entsprechender Anbauabstand eingehalten werden.

Langfristig sollte der Anteil der Sojabohne in der Fruchtfolge 25 % nicht übersteigen.

Im Agrarhandel werden zahlreiche Impfmittel auf Torfbasis oder auch flüssig angeboten. Sie basierten bisher im Wesentlichen auf dem französischen G49-Stamm. Neue, moderne Bakterienstämme versprechen höhere Leistung und werden mittlerweile auch in China, wo die Sojabohne heimisch ist, verstärkt eingesetzt.

Eine funktionierende Knöllchenbakterienimpfung ist ein wesentlicher Erfolgsfaktor für den Sojaanbau. Nach mehrmaligem Anbau auf einer Fläche entwickelt sich eine „natürliche Bodeninfektion“. Dennoch wird zu frischem Impfen beim Anbau geraten.

Bodenvorbereitung und Anbau

Der richtige Zeitpunkt

Die Sojabohne reagiert als Kurztagpflanze wie der Mais positiv auf einen kürzeren Tag beim Feldaufgang. Der Tageslängeneffekt macht sich vor allem bei für unsere Breitengrade späteren Sorten wie Reifegruppe 0 und 00 deutlich bemerkbar. Die Risiken, z. B. eines langsamen Feldaufgangs wegen eines Kälteeinbruchs, müssen bei Frühsaaten Anfang April immer einkal-

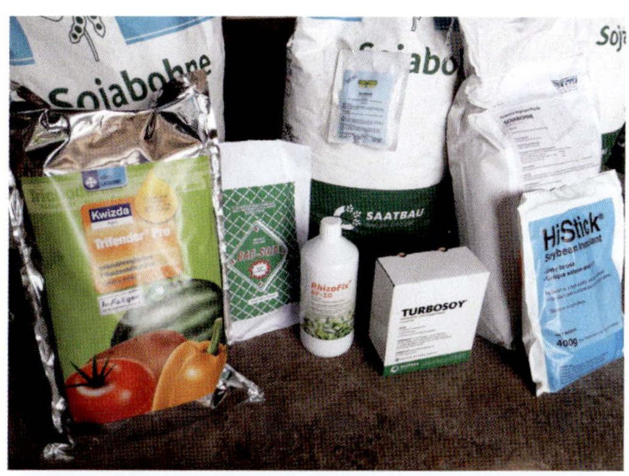

© LK OÖ/Helmut Feitzlmayr

Auf dem Markt gibt es zahlreiche Impfmittel.

kuliert werden. Daher sollte Soja in einer etwa 10- bis 14-tägigen Schönwetterperiode gesät werden. Diese guten, anhaltenden Bedingungen findet man in Österreich und Süddeutschland meist erst Ende April vor. Ein zügiger und gleichmäßiger Feldaufgang ist daher wichtiger als ein früher Saattermin. Sobald anhaltende Bodentemperaturen von 10 °C im Saathorizont zu erwarten sind, kann Sojabohne gesät werden.

Ein Saatzeitenversuch der Ökoversuchsstation Viehhausen, Landkreis Freising, der über 4 Jahre durchgeführt und 2016 abgeschlossen wurde, zeigte auf, dass die höchsten Kornerträge über die Jahre beim Anbau Ende April (21.04.–30.04.) erzielt wurden. Auch der Rohproteingehalt war bei Ende April gesäter Sojabohne am höchsten. Zu diesem Zeitpunkt gesäte Sojabohne konnte auch immer sicher im September gedroschen werden. Diese Ergebnisse wurden natürlich mit standortangepassten Sorten erreicht.

Bei den Frühsaaten (01.04.–10.04.) dauerte der Feldaufgang etwa 20 bis 30 Tage, und dies, obwohl die geforderten Bodentemperaturen in einigen Jahren bereits erreicht wurden. Bei einer Saat Mitte April (11.04.–20.04.) war der Aufgang mit knapp 2 Wochen deutlich schneller, obwohl Mitte April 2016 gesäte Soja auch 24 Tage benötigte. Ende April (21.04.–30.04.) gesäte Soja hatte in diesen 4 Jahren immer einen zügigen Aufgang unter 14 Tagen.

Bei später Saat reifen Sojabohnen auch später ab. Mitte Mai (11.05.–20.05.) gesäte Soja lief zwar in 5 bis 7 Tagen auf, aber der Ertrag fiel über die Jahre deutlich geringer aus. Zudem fiel der Erntezeitpunkt von Mitte Mai gesäter Sojabohne oft bereits in den Oktober und ist daher als risikoreich einzustufen.

Interessant war allerdings, wie sich je nach Saatzeitpunkt die Hülsenansatzhöhe verbesserte. Je später Soja gesät wurde, umso höher war der Hülsenansatz. Anfang April gesäte Soja hatte den Hülsenansatz bei der Ernte bei 8,8 cm, Ende April gesäte bei 12,3 cm und Mitte Mai gesäte bereits bei 13,6 cm über dem Boden. Das ist selbstverständlich ein wichtiges Kriterium beim Mähdrusch, allerdings um den Preis eines niedrigen Ertrags.

Zusammenfassend kann gesagt werden, dass damit im Raum Bayern/Oberösterreich für einen guten Ertrag, ein hohes Protein, einen relativ hohen Hülsenansatz und eine sichere Ernte im September standortangepasste Sorten idealerweise zwischen 21.04.–30.04. gesät werden. Hauptkriterium bleibt allerdings mindestens 10 °C Bodentemperatur und Aussicht auf eine etwa 10- bis 14-tägige Schönwetterperiode nach der Saat.

Saatbeetbereitung

Die richtige Saatbeetbereitung beginnt bereits im Herbst des Vorjahres. Wenn nach späträumenden Vorfrüchten gepflügt oder gegrubbert wird oder der Boden für einen Zwischenfruchtanbau mit anschließender Sojamulchsaat vorbereitet wird, sollte bereits auf ausreichende Einebnung geachtet werden. Ziel ist es, Sojabohne im Frühjahr mit nur sehr seichter Bodenbearbeitung und damit wasserschonend in ein möglichst ebenes und steinfreies Feld zu säen, um beim Drusch das Schneidwerk so tief wie möglich stellen zu können. Auf steinreichen Böden kann es notwendig sein, nach der Saat anzuwalzen und so die Steine in den Boden zu drücken.

Im Biolandbau trägt der Einsatz des Pfluges zur Reduzierung des Unkrautdrucks bei. Diese Grundbodenbearbeitung sollte im Idealfall schon im Spätherbst erfolgen oder auf leichten Böden spätestens im Februar, um die Wasserverdunstung aus dem Boden zu reduzieren. Die Durchführung einer Unkrautkur, beginnend 2 bis 3 Wochen vor der Saat, wird im Biolandbau gern genutzt, um im Abstand von 7 bis 10 Tagen wechselnd eine Egge (z. B. Federzahnegge) und nur 2 cm tief einen flach schneidenden Grubber einzusetzen und so das Unkraut keimen zu lassen. Die mehrmaligen Überfahrten sind vor dem Anbau nicht unproblematisch und in jedem Fall auf gut abgetrocknetem Boden durchzuführen, da die Sojabohne auf Bodenverdichtungen reagiert.

Die Sojapflanze hat bei der Keimung einen hohen Wasserbedarf und bildet ein großes, sich schnell entwickelndes Wurzelsystem. Die Knöllchenbakterien benötigen einen gut durchlüfteten, feuchten Boden, damit eine schnelle Knöllchenbildung stattfinden kann.

Alle Maßnahmen der Bodenbearbeitung müssen wasserschonend sein und haben auf Erhaltung der Bodenfeuchtigkeit Rücksicht zu nehmen. Die Bearbeitung soll zum Anbau lediglich auf Ablagetiefe des Saatguts erfolgen, um gute Keimvoraussetzungen zu gewährleisten. Die Oberfläche des Ackers darf auf schwereren, verschlämmungsgefährdeten Böden nicht zu fein hergerichtet werden, weil die empfindlichen Sojakeimlinge harte Verkrustungen nur schwer durchdringen können. Eine feuchte Bearbeitung im Frühjahr soll unterbleiben, da die Pflanze, wie bereits erwähnt, auf Oberflächenverdichtungen empfindlich reagiert.

Saatstärke

Bei Sojabohne wird eine Bestandesdichte von 50 bis 60 Pflanzen/m² angestrebt. Für spätreife Sorten (00-Sorten) gilt eher die geringere Pflanzenzahl, da diese besser verzweigen. Sorten der Reifegruppe 000 sollen dichter (65 bis 70 Pflanzen/m²) stehen. In Abhängigkeit von der Korngröße (TKG: 80 bis 200 g), die stark variieren kann, ergibt sich eine Saatmenge von 70 bis 170 kg/ha. Die Mindestkeimfähigkeit des Saatguts beträgt 80 %. In der Praxis sollen daher je nach Reifegruppe der Sorten 50 bis 70 Körner/m² ausgesät werden. Wird eine mechanische Unkrautbekämpfung durchgeführt, sollte die Saatstärke um 10 bis 20 % erhöht werden.

Die Berechnung der Saatstärke wird nach folgender Formel durchgeführt:

$$\text{Saatstärke (kg/ha)} = \frac{\text{Körner pro m}^2 \times \text{Tausendkorngewicht (g)}}{\text{Keimfähigkeit in \%}}$$

Die meisten Sorten werden im Handel in Packungseinheiten von zumeist 150.000 Körnern angeboten. Mit einer Zielstärke von 600.000 bis 700.000 Körnern/ha ergibt sich beim Großteil der Sorten ein Saatgutbedarf von 4 bis 5 Packungen/ha. Die Reihenweite beträgt 12,5 bis 50 cm. Mehrere Reihenweitenversuche der Landwirtschaftskammer Oberösterreich sowie der Bayerischen Landesanstalt für Landwirtschaft zeigten, dass die gewählte Reihenweite bei Sojabohne keinen signifikanten Einfluss auf den Ertrag hat, sondern lediglich ein gesicherter Bestand von zumindest 40 bis 60 Pflanzen/m² entscheidend ist.

Saatmethode

Die Aussaat kann mit der Drillmaschine oder mit der Einzelkornsämaschine durchgeführt werden. Bei der Einzelkornsämaschine ist auf eine passende Säscheibe mit einem Lochdurchmesser von 3,5 bis 4,5 mm zu achten. Die Einzelkornsaat ist besonders bei 00-Sorten der Drillsaat vorzuziehen, da hier eine gleichmäßige Tiefenablage und

© LK OÖ/Helmut Feitzlmayr

Der Anbau in einen staubtrockenen Saathorizont ist zu vermeiden.

© LK OÖ/Helmut Feitzlmayr

Zum Anbau darf das Saatgut nicht stundenlang in der Sonne stehen, denn ab 15 °C sterben die am Saatgut aufgebrachten Knöllchenbakterien ab.

eine gleichmäßige Pflanzenverteilung gewährleistet ist. Durch die größere Reihenweite ist auch eine Maschinenhacke möglich, die den Boden bei jedem Einsatz durchlüftet und sich damit günstig auf die Entwicklung der Wurzelknöllchen auswirkt. Bei der Aussaat sollte eine Fahrgeschwindigkeit von 6 km/h keinesfalls überschritten werden, da sonst die Ablagegenauigkeit nicht gegeben ist. Bei optimalem Saatbeet ermöglicht auch die Drillsaat gleichwertige Ergebnisse. Bei sehr hohen Bestandesdichten kann mit dieser Saatmethode eine bessere Standraumverteilung erzielt werden.

Aufgrund der langsamen Jugendentwicklung von Soja ist der Boden nach dem Anbau bis 2 Monate vor Witterungseinflüssen kaum geschützt. Häufig kommt es daher zu einer Verschlämmung und Verkrustung der obersten Bodenschicht. Der damit einhergehende reduzierte Gasaustausch wirkt sich unter anderem auf die Stickstofffixierleistung und damit auf das Wachstum und die Ertragsfähigkeit von Soja negativ aus. Vor allem Starkregenereignisse im Frühsommer führen nicht nur in Hanglagen zu Verschlämmungen und erhöhtem Erosionsrisiko.

Um diese negativen Auswirkungen beim Sojaanbau zu vermeiden, wird eine Mulchsaat mit vorangegangenem Zwischenfruchtanbau empfohlen. Dabei gilt: Je höher die Abdeckung des Bodens mit Mulchmaterial nach dem Anbau, desto besser der Bodenschutz.

Saattiefe beim Anbau mehrmals kontrollieren.

Saattiefe

Die Saattiefe soll 3 bis 4 cm betragen. Auf leichteren, schnell austrocknenden Böden kann der Samen bis auf 5 cm abgelegt werden.

Größere Saattiefen sind unbedingt zu vermeiden, da die Sojabohne epigäisch keimt, d. h., das Hypokotyl, der Abschnitt zwischen Wurzel und Keimblatt, schiebt sich aus dem Boden und beginnt die Keimblätter mitzuziehen. Wichtig ist, dass die abgelegten Samen guten Anschluss an die feuchten Bodenschichten haben. Bei sehr lockerem Boden ist ein Anwalzen empfehlenswert.

Starkregen in Soja.

Die Sojabohne keimt epigäisch.

© LK OÖ/Hubert Köppl

Soja ist wegen der langsamen Jugendentwicklung schwach in der Unkrautunterdrückung.

Unkrautbekämpfung

Sojabohne reagiert durch eine relativ langsame Jugendentwicklung sensibel auf die Konkurrenz durch Unkräuter. Die Leitunkräuter sind Klettenlabkraut, Gänsefußarten (Melde), Kamille, Amaranth, Schwarzer Nachtschatten und Hirsen, in den östlichen Anbaugebieten auch Ambrosie und Stechapfel. Wurzelunkräuter wie Distel, Ackerwinde oder Ampfer sind sehr schwer bekämpfbar. Damit soll für den Sojaanbau nur ein Acker mit wenig Unkrautdruck gewählt werden.

Mechanische Methoden

Die mechanische Unkrautbekämpfung erfolgt über mehrmaliges Striegeln und Hacken, da Soja relativ spät den Boden bedeckt und dadurch mehrere Unkrautwellen zu bewältigen sind. Grundvoraussetzungen sind Flächen mit geringer Ausgangsverunkrautung, lockerer und trockener Boden und kleine Unkräuter, die in diesem Stadium sehr empfindlich sind. Absolute Grundvoraussetzung sind auch trockene Bedingungen und sonnige Witterung vor und nach der Maßnahme, damit die mechanisch bekämpften Unkräuter vertrocknen. Wurzelunkräuter, wie beispielsweise Distel, werden definitiv nicht erfasst. Für eine Blindstriegelung soll die Ablagetiefe des Saatkorns in jedem Fall 4 bis 5 cm betragen und der Keimling noch 3 cm mit Erde bedeckt sein. Bei einer Striegelung nach dem Auflaufen muss die Sojabohne allerdings mindestens 2 echte Laubblätter besitzen. Dafür sollte man jedenfalls einen Präzisionsstriegel mit einstellbarem, indirekten Zinkendruck verwenden und max. 4 km/h fahren. Steht dieser nicht zur Verfügung, sollten eher 4 bis 5 Laubblätter abgewartet werden. Eine Striegelung zu einem früheren Zeitpunkt würde die Keimblätter der Pflanzen nachhaltig beschädigen.

Für den Einsatz der mechanischen Hacke muss die Reihenweite erhöht werden und das Feld darf nicht hängig sein. Ab dem Zweiknotenstadium, einer Pflanzenhöhe von ca. 15 cm, kann der Sojabestand gehackt werden. Dafür ist der Einsatz von Gänsefußscharen besonders geeignet, die im Idealfall mit einer Fingerhacke kombiniert werden. Die Fingerhacke ist in der Lage, in die sonst nicht zugängliche Reihe zu greifen.

© LK OÖ/Helmut Feitzlmayr

Der weiße Gänsefuß nimmt rasch überhand.

© LK OÖ/Helmut Feitzlmayr

In Reihenkultur kann die Soja gehackt werden.

© LK OÖ/Helmut Feitzlmayr

Ein rasches Schließen des Sojabestandes ist die beste Unkrautunterdrückung.

Das Sternhackgerät kann wiederum ab einem Reihenabstand von 50 cm eingesetzt werden und kann noch im relativ dichten Sojabestand Erde in der Reihe anhäufeln. In jüngster Zeit werden Hackkombinationen bereits mit einer Kamerasteuerung ausgestattet, die es ermöglicht, den Abstand zu den Kulturpflanzen zu reduzieren. Schließen sich die Reihen, enden die Möglichkeiten der maschinellen Unkrautbekämpfung.

Die Hackarbeit vernichtet aber nicht nur aufgelaufenes Unkraut, sondern begünstigt durch die Bodenbelüftung auch die Entwicklung der Knöllchenbakterien. Zu beachten ist, dass mechanische Unkrautregulierungsmethoden die obere Bodenschicht lockern und bei Starkregen speziell in Hanglagen zu Erosion führen können.

Chemische Bekämpfung

Für die chemische Bekämpfung von Unkräutern sind in der Sojabohne nur wenige Produkte zugelassen. Der Einsatz dieser Mittel muss sehr gezielt und zum optimalen Termin erfolgen. Wie die letzten Jahre gezeigt haben, sind bei Vorauflaufverfahren die Bodenfeuchte und die Kulturverträglichkeit besonders zu beachten. Bei einer Behandlung nach dem Auflaufen der Kultur bestimmen die Unkrautgröße, die Witterung vor und nach der Ausbringung den Bekämpfungserfolg. Bei intensiver Sonneneinstrahlung sind auch hier Verträglichkeitsprobleme möglich. Vorbeugende Maßnahmen sind neben mechanischen Methoden ebenfalls miteinzubeziehen.

Eine chemische Unkrautbekämpfung im Vorauflauf ist mit den Produkten Artist, Spectrum Plus, Stomp Aqua + Successor 600, Sencor Liquid und Dual Gold möglich. Im Nachauflauf können gegen breitblättrige Unkräuter die Produkte Harmony SX und Pulsar 40 eingesetzt werden. Ungräser und Ausfallgetreide können mit speziellen Gräserprodukten erfasst werden.

PFLANZENSCHUTZEMPFEHLUNGEN

Vorauflaufverfahren

1,5 bis 2 kg/ha Artist, geringere Mengen auf leichten, höhere auf schweren Böden
Keine Anwendung bei den Sorten
ES Mentor, ES Senator und RGT Siroca!
2,5 l/ha Spectrum Plus
1,5 l/ha Stomp Aqua
+ 2 l/ha Successor 600

Bei Wirkungsschwächen und Problemverunkrautung werden folgende Korrekturmaßnahmen im Nachauflauf empfohlen:
7,5 g/ha Harmony SX + Gräsermittel + Netzmittel (z. B. bei Gänsefuß- und Knötericharten)
7,5 g/ha Harmony SX + Netzmittel + 0,5 l/ha Pulsar 40 speziell bei Problemverunkrautung mit Schwarzem Nachtschatten

Bei Distel und Ackerwinde wirkt Pulsar 40 mit einer Aufwandmenge von 0,75 l/ha (+ 0,1 l/ha Silwet Top) gut unterdrückend.

© LK OÖ/Hubert Köppl

Vorauflaufmittel werden auf den nackten Boden appliziert.

Generell sollen **Vorauflaufprodukte** auf feuchten, feinkrümeligen Boden ausgebracht werden oder es fallen in den folgenden Tagen ausreichende (mind. 10 mm) Niederschläge. Bei trockenen Bedingungen ist es vorteilhaft, am frühen Morgen bei noch taubehaftetem Boden die Behandlung durchzuführen. Schwarzer Nachtschatten ist, wie auch Amaranth, Gänsefußgewächse und Hirse, ein Wärmekeimer und kann daher bei sehr zeitigem Anbau von Sojabohne relativ spät auflaufen. Zu diesem Zeitpunkt kann die Wirkung der Produkte bereits wieder nachlassen. Eine etwas spätere Saat ist hier vorteilhafter.

Eine gute und breite Wirkung, auch gegen Schwarzen Nachtschatten, besitzt Artist (2,0 kg/ha). Auf leichten Böden (Empfehlung: 1,5 kg/ha) und nach stärkeren Niederschlägen kann es zu Verträglichkeitsproblemen kommen. Die unteren Laubblätter bekommen braune, nekrotische Flecke. Bei sehr trockener Witterung kann die Unkraut- und Ungraswirkung nicht ausreichen. Schwächen bestehen bei Weißem Gänsefuß, Knötericharten, teilweise Klettenlabkraut.

Weitere Möglichkeiten bestehen mit Spectrum Plus (2,5 l/ha), der Kombination von Stomp Aqua (max. 1,5 l/ha) und Successor 600 (1,5 bis 2,0 l/ha). Verträglichkeitsprobleme mit dem Wirkstoff Pendimethalin (Stomp Aqua, Spectrum Plus) traten in den letzten Jahren vereinzelt auf. Auf staunassen Feldern, wo Wasser länger nicht abfließt, ist mit leichten Ertragseinbußen zu rechnen. Wurzelhalseinschnürungen an der Pflanze sind möglich, und diese bricht in der Folge ab. Keine Wirkung besteht gegen Ausfallraps, Schwächen gibt es bei Klettenlabkraut und Knötericharten.

Eine Zulassung im Vorauflauf besitzen auch Sencor Liquid und Dual Gold.

Nachauflaufverfahren

1. Behandlung 7,5 g/ha Harmony SX + Netzmittel (z. B. 0,1 % Zellex CS) + evtl. 0,5 l/ha Pulsar 40 (wenn Schwarzer Nachtschatten schon aufgelaufen ist).
2. Behandlung 0,5 l/ha Pulsar 40 + 7,5 g/ha Harmony SX + Netzmittel (z. B. 0,1 % Zellex CS) – Gräsermittel nur beigeben, wenn kein Pulsar 40 in der Mischung.

Behandlung erst bei aufgelaufenem Unkraut.

Anwendung von Pulsar 40 speziell bei Problemverunkrautung mit Schwarzem Nachtschatten und Distel.

Keine Tankmischungen mit allen vier Produkten.

Achtung: Die Splitting-Applikation von Pulsar 40 (2-mal max. 0,5 l/ha) war bis Redaktionsschluss nur mit einer Notfallzulassung nach Art. 53 der VO 1107/2009/EG möglich.

Wichtig ist, eine Kontrolle der Felder auf ev. durchwachsende Unkräuter zu machen, damit rasch bei noch kleinem Unkraut reagiert werden kann!

Für die Produkte sollen die Unkräuter klein sein (3 bis 5 Blätter). Zur Bekämpfung von Ackerdistel empfiehlt sich eine einmalige Anwendung von Pulsar 40 mit 0,75 l/ha + 0,1 l/ha Netzmittel (z. B. Silwet Top).

© LK OÖ/Hubert Köppl

Laufende Unkrautkontrolle ist notwendig.

Zur Bekämpfung von Gräsern wie Hirsen steht eine große Palette an Produkten zur Verfügung. Herbizide gegen Ungräser erfassen diese ab ca. 3 bis 5 Blätter bei warmer, wüchsiger Witterung optimal. Auch größere Pflanzen sind, sofern sie noch genügend benetzt werden können, gut bekämpfbar. Auf die produktspezifische Wartefrist bis zur Ernte ist besonders zu achten.

Resistenzen

In manchen Regionen Österreichs reagieren Amaranth und vereinzelt auch Weißer Gänsefuß nicht mehr auf sogenannte ALS-Hemmer („Sulfonylharnstoffe") wie Harmony SX und Pulsar 40. Auf solchen Flächen können diese Unkräuter nur noch im Vorauflaufverfahren erfasst werden. Leider gibt es auch bereits erste Hinweise, dass der Wirkstoff Metribuzin im Produkt Artist nicht mehr die volle Wirkung besitzt.

© LK OÖ/Hubert Köppl

© LK OÖ/Hubert Köppl

Der Distelfalter tritt nesterweise auf.

Hinweis zu den Zulassungen

Die meisten Herbizide in Sojabohne sind sogenannte Lückenindikationen nach Art. 51 der VO 1107/2009/EG. Diese Zulassungen sind mit dem Hinweis versehen, dass Schäden, einschließlich Ertragsminderung, an der Kultur möglich sind; eventuelle Schäden liegen im Verantwortungsbereich des Anwenders.

Schädlinge

Bisher gab es mit Schädlingen und Krankheiten relativ wenige Probleme.

Distelfalter

2009 war das letzte Mal ein größeres Auftreten der Raupe des Distelfalters zu verzeichnen. In manchen Regionen führte das zu einem fast vollständigen Verlust des Blattapparats.

Zuletzt trat der Distelfalter in Österreich 2019 auf. Aktuell ist als Insektizid in Sojabohne Karate Zeon zugelassen.

Bohnensaatfliege

Dieser Keimlingsschädling *Phorbia platura* befällt in erster Linie wärmeliebende Pflanzen, die nach der Saat bei längerer nasskalter Witterung mit dem Auflaufen kämpfen. Neben Sojabohnen sind auch Erbsen, Bohnen sowie zahlreiche Gemüsearten betroffen.

© LK OÖ/Helmut Feitzlmayr

Ein Sojabestand 5 Wochen nach der Saat, geschädigt von der Bohnensaatfliege.

© LK OÖ/Hubert Köppl

Sojabohne ist bei Haarwild sehr beliebt.

Wildschäden

In der Jugendphase können in Regionen, wo wenig Sojabohne angebaut wird, Wildschäden zum Problem werden. So können Tauben den Keimling und Hasen und Rehe die jungen Blätter abfressen und schädigen. Eine Vertreibung von Haarwild ist mit 2,0 l/ha Aminosol (3 Tage vorher in 2 l Wasser ansetzen) oder Trico möglich.

Krankheiten

Auch Sojabohne ist in niederschlagsreicheren Breiten nicht völlig selbstverträglich.

Sklerotinia-Weißstängeligkeit kann zu einem Problem werden. Die beste Abhilfe ist eine weitgestellte vierjährige Fruchtfolge (auch zu anderen *Sklerotinia*-anfälligen Kulturen wie Raps, Kohlgewächsen, Kümmel, Sonnenblume etc.). Eine Bekämpfung ist mit Propulse (1,0 l/ha) in der Blüte möglich. Die Zulassung gilt aber nur für Saatgutvermehrungen.

Weitere, immer wieder auftretende, aber kaum ertragsbeeinflussende Krankheiten sind z. B. der Falsche Mehltau (gelbe Flecken blattoberseits, gräulich rosa Pilzbelag blattunterseits), Bakterienflecken (gelbe bis braune Flecken blattoberseits, braun glänzende Flecken blattunterseits), Soja-*Septoria* (kleine braune, unregelmäßige Flecken an den unteren Blättern) und vereinzelt Virosen (v. a. das Sojabohnen-Mosaik).

Witterungsbedingt können zusätzlich Wurzelerkrankungen (u. a. *Fusarium*) und Auflaufkrankheiten (z. B. *Phomopsis/Diaporthe*) auftreten.

Gegen Auflaufkrankheiten ist derzeit der Wirkstoff Thiram zur (gewerblichen) Beizung zugelassen. In Österreich ist die Inverkehrsetzung von Thiram mit 31.1.2020 verboten, womit diese Möglichkeit künftig wegfällt.

© LK OÖ/Hubert Köppl

Sklerotinia.

Falscher Mehltau und Bakterienflecken

Links Falscher Mehltau, rechts Bakterienflecken.

DÜNGUNG

Der **Stickstoff**bedarf der Sojabohne wird bis zu 80 % durch die Knöllchenbakterien gedeckt, die Luftstickstoff binden und der Pflanze zur Verfügung stellen. Den restlichen Stickstoffbedarf deckt die Sojabohne durch die natürliche Mineralisierung im Boden.

Sowohl eine mineralische N-Gabe als auch ein Wirtschaftsdüngereinsatz im Frühjahr beeinträchtigen die Entwicklung der Knöllchenbakterien und wirken sich damit nachteilig auf Ertrag und Protein aus. Ausschließlich bei gänzlich fehlendem Knöllchenansatz, der grundsätzlich Mitte Juni zum Beginn der Blüte überprüft werden sollte, wäre eine mineralische N-Gabe in Höhe von max. 60 kg N/ha zu vertreten.

Laut den Richtlinien für die sachgerechte Düngung und der Nitrat-Aktionsprogramm-Verordnung ist eine N-Gabe von bis zu 60 kg N/ha bei nicht beimpftem Saatgut, bei mangelhaftem Knöllchenansatz sowie bei erstmaligem Anbau möglich. Diese Option ist allerdings bei einer Teilnahme an der ÖPUL-Maßnahme „Vorbeugender Grundwasserschutz auf Ackerflächen" untersagt.

Neben der eigenen Versorgung mit Stickstoff (N) besteht bei Sojabohne ein Nachlieferungspotenzial für die Folgefrucht von 0 bis 20 kg N/ha (Richtlinie für die sachgerechte Düngung, 7. Auflage, 2017). Werden im Laufe der Vegetation helle Blätter beobachtet, so kann auf eine schlechte Knöllchenentwicklung geschlossen werden (keine Wirkung der Impfung).

Die Höhe der **Phosphat-** und **Kali**düngung soll sich nach dem Bodenvorrat richten.

Die Empfehlung für die Düngung mit Phosphor liegt bei 65 kg P_2O_5/ha und jene für Kalium bei 90 kg K_2O/ha. Dies gilt bei mittlerer Ertragslage und wenn der Boden über die Versorgungsklasse „C" verfügt (Richtlinie für die sachgerechte Düngung, 7. Auflage, 2017).

Auch eine Phosphat- und Kalidüngung ist bei der Sojabohne nur dann ertragsrelevant, wenn die Gehaltsklasse C laut Bodenuntersuchung nicht gegeben ist. Die Sojabohne ist damit eine sehr genügsame Pflanze, die bei guter Bodenstruktur und einem guten Knöllchenbesatz auch ohne NPK-Düngung ihr volles Ertragspotenzial entfalten kann.

Pflanzenbaulich gesehen ist eine Düngung mit Phosphat und Kali wesentlich sinnvoller zu Mais, Raps oder Zuckerrübe. Erfolgt dennoch die Grunddüngung zu Soja, dann gelten die Empfehlungen laut Tabelle 9.

Die Erfahrung zeigt, dass bei gut mit Phosphor und Kalium versorgten Böden im Jahr des Sojaanbaus auf eine Düngung gänzlich verzichtet werden kann. Die Versorgung wird aus dem Bodenvorrat sichergestellt.

Ertragslage t/ha	N kg/ha	P_2O_5*) kg/ha	K_2O*) kg/ha
< 2,0	0	60	80
2,0–3,0	0	65	90
> 3,0	0	75	100
*) bei Versorgungsstufe C			

Tabelle 9: Düngeempfehlung in Abhängigkeit der Ertragslage in Anlehnung an die „Richtlinien für die sachgerechte Düngung", 7. Auflage (BMLFUW, 2017)

BEREGNUNG

Bis zur Blüte ist die Sojabohne relativ unempfindlich gegenüber Trockenheit. Eine ausreichende Bodenfeuchtigkeit ist aber für die Wirkung der Vorauflaufherbizide und Verträglichkeit von Nachauflaufherbiziden sowie auf den Beimpfungserfolg mit Knöllchenbakterien von Vorteil.

Die wichtigste Phase, in der die Sojabohne ausreichend Wasser braucht, ist die Zeit von Hülsenansatz bis Samenbildung. Daher ist in dieser Zeit die Beregnung am wirkungsvollsten. Da der Großteil der Wurzelmasse in den oberen 50 cm liegt, sind Mengen von 30 mm je Regengabe ausreichend. Zudem verstärken höhere Mengen die Lagerneigung, was zu Problemen bei der Ernte führen kann.

In der Blüte hat Soja einen hohen Wasserbedarf.

Ob eine Beregnung durchgeführt wird, hängt nicht nur von der herrschenden Witterung und von den Bodenverhältnissen ab, sondern sollte sich auch an betriebswirtschaftlichen Gesichtspunkten orientieren.

Phasen mit erhöhtem Wasserbedarf der Sojabohne bzw. richtige Beregnungszeiträume:

Blühbeginn	Bildung von Verzweigungen
Ansatz der Hülsen	Erhöhung der Kornzahl
Hülsenwachstum	Erhöhung des TKG

ERNTE

Je nach Sorte und Witterung werden die Sojabohnen ab Mitte September bis Ende Oktober erntereif. Die Reife der Sojabohnen kündigt sich durch Eintrocknen und Abfallen der Blätter an. Schüttelt man die Pflanzen, so hört man das Aneinanderschlagen der sich lösenden Körner in den Hülsen. Das Korn wird nun rund, ist schwer mit dem Fingernagel einzuritzen und liegt frei in der Hülse.

Beregnung eines Sojafeldes.

Soja in der Abreife.

Die Ernte kann nun wenige Tage nach dem Blattfall mit dem Mähdrescher durchgeführt werden. Die Körner sollten einen Wassergehalt von 12 bis 16 % aufweisen. Bei verspäteter Reife kann es aufgrund hoher Luftfeuchtigkeit vorkommen, dass die Sojabohnen mit einem Wassergehalt von 16 bis 20 % geerntet werden müssen. Mit einer sofortigen Trocknung muss die Gefahr einer Verpilzung gestoppt werden.

Wassergehalt im Erntegut

Die Qualitätsanforderungen bezüglich des Wassergehalts im Erntegut für eine unbedenkliche Lagerung liegen international zwischen 11 und 14 %. In Deutschland und Frankreich werden je nach Region zwischen 12 und 14 % Wassergehalt gefordert, in Österreich 13 % und in der Schweiz 11 %. Zu trocken geerntete Sojabohne führt zu Bruch und Haarrissen und zu nicht unwesentlichen Ernteverlusten. Daher soll vor allem Speisesoja wegen der Bruchgefahr mit einem Wassergehalt von 14 bis 16 % geerntet und anschließend nachgetrocknet werden. Futtersoja wird in Österreich am idealsten mit 13 bis 14 % geerntet, um Trocknungskosten zu sparen.

Einstellung des Mähdreschers

Da der Ansatz der untersten Hülsen sehr tief ist, ist das Schneidwerk entsprechend tief zu stellen. Voraussetzung ist eine ebene Ackeroberfläche, die bereits beim Anbau geschaffen werden muss. Die Einzugsgeschwindigkeit hängt von der Schnitthöhe ab und ist normalerweise etwas langsamer als bei Getreide. Die Trommelgeschwindigkeit liegt bei ca. 600 Umdrehungen und ist von der Feuchtigkeit der Körner abhängig. Der Abstand von Trommel zum Dreschkorb soll vorn 20 bis 25 mm und hinten 15 bis 18 mm betragen. Das Obersieb soll einen Lochdurchmesser von 15 bis 18 mm und das Untersieb von 10 bis 12 mm haben.

Mehrertrag durch Flex-Schneidwerke

Praxisversuche der LK OÖ zeigen, dass bei konventionellem Mähdrusch 320 bis 380 kg/ha nicht geerntete Sojabohne am Feld bleiben. Gerade im Lohndrusch wird auf Leistung gesetzt und damit zu schnell und zu hoch gedroschen.

Bis zu 10 % des Sojaertrags kann bei konventionellem Drusch auf dem Feld verbleiben.

© LK OÖ/Helmut Feitzlmayr

Bei konventioneller Ernte bleiben die untersten Hülsen auf dem Feld.

© johndeere.com

Das HydraFlex-Bandschneidwerk verfügt über eine hydraulische Auflagedruckregelung, die hervorragende Bodenanpassungsfähigkeiten für eine breite Palette von Fruchtarten und Bedingungen – mit Fokus auf Bohnen und Erbsen – bietet.

https://youtu.be/74uTM6P7aic

Ein höherer Hülsenansatz ist über die Züchtung bisher nicht erreichbar, weil dieses Zuchtziel nur auf Kosten des Ertrags realisierbar ist. Auch ackerbauliche Maßnahmen, wie höhere Saatstärken oder ein engerer Reihenabstand, führen nachweislich zu keinem nennenswert höheren Hülsenansatz.

Nur über eine spezielle Erntetechnik, sogenannte Flex-Schneidwerke, können die Ernteverluste der zu knapp über dem Boden ansetzenden Hülsen weitgehend vermieden werden.

Flex-Schneidwerke wurden in den Sojaanbaugebieten Amerikas entwickelt und passen sich den Bodenunebenheiten perfekt an.

Dabei gleiten segmentierte Kunststoffkuven, über die ganze Schnittbreite des Mähdreschers verteilt, in Kombination mit einem beweglichen Messerbalken, knapp über den Boden. Unebenheiten, wie bis 30 cm große Steine, werden durch das flexible Schneidwerk ausgeglichen und ermöglichen eine Beerntung der Sojabohne in ca. 2,5 cm Druschhöhe. Im Lohndrusch sind die Mehrkosten so gering, dass sich der Einsatz eines Flex-Schneidwerks auf jedem Fall rechnet.

SOJABOHNE IM BIOLANDBAU

Biologisch produzierte Sojabohne hat in den vergangenen 10 Jahren[2] einen enormen Flächenzuwachs erfahren. Im Burgenland bzw. in Niederösterreich liegt der Anteil biologisch produzierter Sojabohne bei knapp 50 % der Anbaufläche.

Verbesserte Kulturführung

In den frühen 2000er-Jahren war die Sojabohne nur eine Versuchskultur für einige Spezialisten, die mit der vorhandenen Maschinenausstattung arbeiteten. Der Anbauzeitpunkt wurde, wie im konventionellen Bereich, relativ früh gewählt, sodass viele Bestände mit dem frühen Druck der Beikräuter kaum zurechtkamen. Die verwendeten Hackgeräte waren einerseits aus dem Rüben- oder dem Maisbau, andererseits die Striegeltechnik bzw. deren optimaler Einsatzzeitpunkt noch nicht so exakt wie heute.

Anbau später

Heutzutage wird Biosoja frühestens in der ersten oder zweiten Maiwoche angebaut, sodass der ersten Beikrautwelle ausgewichen wird. Sehr häufig erfolgt wenige Tage nach dem Anbau das erste Striegeln, das sogenannte Blindstriegeln, das einen sehr guten Effekt hat. Zeitlich exakt gesetzte weitere Striegeleinsätze halten die Bei-

© LK OÖ/Hubert Köppl

Die Hacktechnik machte in den letzten Jahren große Fortschritte.

[2] Stand 2019 (Anm. der Redaktion)

kräuter in Schach. Je nach Wachstumsstadium folgt danach der Einsatz von Hackgeräten. Hier gab es durch die Entwicklung der Fingerhacke, sowie GPS-unterstützter Geräteführung einen deutlichen Qualitätssprung. Bei den mittlerweile erfahrenen Sojalandwirten sieht man auch gegen Ende der Vegetation kaum noch Verunkrautung in den Beständen.

Marktpreis

Zu der enormen Flächenausdehnung von Soja hat natürlich der gute Preis wesentlich beigetragen. Selbstverständlich gibt es größere Ertragsschwankungen, da im Osten Österreichs sehr häufig mit lang anhaltender Trockenheit zu rechnen ist. Nichtsdestotrotz wissen die Sojaprofis, auf welche Felder sie die Soja stellen müssen. Sie ist keine Kultur für seichtgründige, zur Austrocknung neigende Böden. In guten Jahren erreichen die erfahrenen Landwirte Erträge über 3.000 kg/ha.

Bei Erzeugerpreisen von etwa 700 €/t können deutlich bessere Deckungsbeiträge im Vergleich zu anderen Feldfrüchten erwirtschaftet werden. Auch der Preis für Biosoja ist Schwankungen unterworfen, aber bei einem Niveau von ca. 600 €/t und Erträgen über 2.500 kg/ha ist auch der wirtschaftliche Erfolg gesichert.

Entwicklung der Fruchtfolge

War die Position der Sojabohne als Leguminose in der Fruchtfolge noch am Anfang, also vor den Stickstoffzehrern, wie Weizen oder Mais, so ist sie nun am Ende der Fruchtfolge. Mittlerweile ist bekannt, dass Soja relativ wenig Stickstoff für die Folgefrucht hinterlässt, sodass sie nicht mit anderen Leguminosen, wie Ackerbohne, Erbse oder Luzerne, vergleichbar ist, die beträchtliche Mengen an Stickstoff nachliefern.

Als wirtschaftlich sehr erfolgreiche Kultur wird Soja von etlichen Betrieben mehrmals hintereinander angebaut. Durch ihre relative Selbstverträglichkeit stellt das grundsätzlich kein größeres Problem dar – allerdings ist hier auf erhöhte *Sclerotinia*-Gefahr zu achten.

WIRTSCHAFTLICHKEIT DES SOJAANBAUS

Die Sojabohne steht in der Fruchtfolge in Konkurrenz mit Körnermais, Sonnenblume, eventuell Zuckerrübe und Winterraps.

Die Vorteile der Sojabohne liegen in der vergleichsweise günstigen Kostenstruktur beim Betriebsmitteleinsatz. Sie braucht wenig Dünger – vor allem keinen Stickstoff.

Ein wesentlicher Erfolgsfaktor ist naturgemäß der Naturalertrag. Der Einsatz der Betriebsmittel (Saatgut und die Unkrautbekämpfung) sowie die Maschinenkosten (variable Maschinenkosten und zusätzlich Lohndrusch) sind die wesentlichen Kostenblöcke. Somit ist der Ertrag entscheidend für den wirtschaftlichen Erfolg des Anbaus. Im Internet finden Sie auf der Website der Bundesanstalt für Agrarwirtschaft ein Programm zur Berechnung der Deckungsbeiträge (http://www.awi.bmlfuw.gv.at/idb/default.html). Für die Wettbewerbsfähigkeit dürfte auch hilfreich sein, dass regionale, gentechnikfreie Sojabohnen einen Preisaufschlag gegenüber „Weltmarktsojabohnen“ erzielen.

© Earl D. Walker/Shutterstock.com

Auf diesem Sojafeld stand im Vorjahr Mais.

	Sojabohne		Körnermais		
Ertragsniveau	3,1		11,0		t/ha
Preisannahme	350	450	150	180	€/t
Leistung Hauptprodukt	1.085	1.395	1.650	1.980	€/ha
Saatgut	200		190		€/ha
Düngemittel	80		268		€/ha
Pflanzenschutzmittel	105		85		€/ha
Variable Maschinenkosten	110		140		€/ha
Ernte- und Transportkosten	130		160		€/ha
Trocknung	25		346		€/ha
Hagelversicherung	20		20		€/ha
Sonstiges	5		5		€/ha
Variable Kosten	675		1.213		€/ha
Deckungsbeitrag	410	720	437	767	€/ha

Tabelle 10: Deckungsbeitragsvergleich Sojabohne – Körnermais (Angaben inkl. MwSt.)

In der Tabelle 11 sind die nötigen Trockenmaiserträge in Abhängigkeit verschiedener Nassmaispreise dargestellt. (Unterstellung von Sojabohnenpreisen von 349 €/t netto, d.h. 395 € inkl. 13% USt. – Achtung: Alle Angaben sind inkl. USt. dargestellt.)

Grundsätzlich korrelieren die Erträge von Sojabohnen und Körnermais positiv, d.h. dort, wo Sojabohnen gut wachsen, ist in der Regel auch ein hohes Ertragspotenzial beim Körnermais gegeben. Es zeigt sich, dass auf Standorten mit hohen Sojabohnenerträgen (4 t/ha) die Wettbewerbsfähigkeit der Sojabohnen (trotz hoher Erträge der Konkurrenzfrucht Mais) hoch ist, wenn Nassmaispreise von 100 bis 105 €/t (Basis 30% Feuchtigkeit) unterstellt werden.

Auf Standorten mit Durchschnittserträgen bei Sojabohnen (3 t/ha) ist in vielen Jahren der Deckungsbeitragsunterschied zwischen Körnermais und Sojabohnen gering.

Sojaertrag in t/ha	Nassmaispreis (30% Erntefeuchte) in Euro je t ab Feld		
	Szenario 1 100 €/t	Szenario 2 105 €/t	Szenario 3 120 €/t
2,5	8,8 t	8,4 t	7,1 t
3,0	10,6 t	10,0 t	8,5 t
3,5	12,4 t	11,7 t	9,9 t
4,0	14,2 t	13,5 t	11,4 t

Tabelle 11: Nötiger Trockenmaisertrag in Abhängigkeit vom Sojabohnenertrag (Sojabohnenpreis: 395 €/t) und dem Nassmaispreis Alle Angaben inkl. USt.

© sima/Shutterstock.com

Soja-Ernte.

© LK OÖ/Peter Köppl

Druschreifer Sojabestand.

SOJABOHNE: FRAGEN FÜR DIE PRÜFUNGSVORBEREITUNG

1. Beschreiben Sie die äußeren Merkmale von *Glycine max.*
2. Welche Wuchstypen der Sojabohne werden unterschieden?
3. Wie reagiert die Sojabohne auf den Fotoperiodismus?
4. Beschreiben Sie die Inhaltsstoffe und die Verwendung von Soja.
5. Womit wird dem Sojapresskuchen Öl entzogen und warum darf Sojaextraktionsschrot nicht im Biolandbau eingesetzt werden?
6. Was ist „HP"- bzw. „High-Protein"-Soja?
7. Auf welche Kriterien wird in der Soja-Lebensmittelproduktion Wert gelegt?
8. Wovon wird die Lagerdauer verschiedener Sojaprodukte beeinflusst?
9. Was ist Tofu und woraus wird er hergestellt?
10. Wie werden asiatische Lebensmittel wie Tempeh, Natto und Miso hergestellt?
11. Erklären Sie die Einteilung in Reifegruppen.
12. Welche Ansprüche stellt Soja an das Klima?
13. Beschreiben Sie die Temperatur-Abhängigkeit der Sojabohne.
14. Welche Klimafaktoren können einen Sojaanbau in Mitteleuropa ausschließen?
15. Welche Ansprüche stellt Soja an die Wasserversorgung?
16. Nennen Sie die Entwicklungsstadien der Sojapflanze.
17. Wie wirkt sich der Klimawandel auf die Sojakultur aus?
18. Zu welchem Kulturzeitpunkt ist das Ertragsrisiko besonders hoch?
19. Welche Ansprüche stellt Soja an den Boden?
20. Was versteht man unter Impfung/Inokulation von Soja?
21. Beschreiben Sie die zur Impfung notwendigen Maßnahmen.
22. Was ist bei der Sojakultur in Bezug auf die Fruchtfolge zu beachten?
23. Beschreiben Sie die notwendigen Bodenvorbereitungen.
24. Bezogen auf Saatzeitenversuche – wann wird Soja ausgesät?
25. Beschreiben Sie die einzelnen Schritte der Saatbeetbereitung.
26. Was ist bei der Bodenbearbeitung besonders zu berücksichtigen?
27. Wie berechnet sich die Saatstärke?
28. Welche Saatmethoden kommen bei Soja zur Anwendung?
29. Was ist bei der Lagerung des Saatguts besonders zu beachten?
30. In welcher Tiefe wird Soja gesät?
31. Beschreiben Sie die notwendigen Überlegungen und Arbeitsschritte bei der Unkrautbekämpfung.
32. Welche Geräte kommen bei der mechanischen Unkrautbekämpfung zur Anwendung?

33. Welche Anforderungen müssen Herbizide erfüllen, um für die Sojakultur zugelassen zu werden?

34. Was sind Vorauflaufprodukte und wie werden sie eingesetzt?

35. Wie und wann werden Nachauflaufprodukte angewendet?

36. Nennen und beschreiben Sie 5 Schädlinge oder Krankheiten und deren Schadbilder.

37. Was ist bei der Stickstoff-, Phosphat- und Kalidüngung zu beachten?

38. Was ist bei der Beregnung von Sojakulturen zu beachten, wie wirkt sie sich aus?

39. Beschreiben Sie, worauf es bei der Sojaernte ankommt.

40. Welche Wassergehalte im Erntegut sind in Bezug auf die Weiterverwendung akzeptabel?

41. Welche Einstellungen müssen am Mähdrescher vorgenommen werden und welche Schneidwerke kommen zur Anwendung?

42. Welche Überlegungen sollen vor der Entscheidung für den Sojaanbau angestellt werden?

Lebenszyklus der Sojabohne.

Vaclav Volrab/Shutterstock.com

© Hein Nouwens/Shutterstock.com

ACKERBOHNE

Ackerbohne *(Vicia faba)* ist eine aus dem Mittelmeerraum stammende Leguminose. Andere Namen sind Pferdebohne oder *Faba*-Bohne. Die Ackerbohne blüht von Mai bis Juli. Die Früchte sind dunkelbraune, lederartige, samtig behaarte Hülsen, in denen sich zwei bis fünf längliche, flach gedrückte Samen befinden. Die Ackerbohne ist eine 50 bis 140 cm hohe einjährige, eiweißreiche Leguminose, die eine sehr starke Pfahlwurzel mit zahlreichen Nebenwurzeln besitzt, die mit Knöllchenbakterien besetzt sind. Die Sommerackerbohne entwickelt zumeist einen, manchmal auch zwei kräftige vierkantige Stängel je ausgesätem Korn.

Die Tausendkornmasse (TKM) der ackerbaulich genutzten Sorten liegt zwischen 350 und 600 g. Es gibt auch Sorten mit höherem TKM, die aber eher im Gemüsebau genutzt werden. Die Züchtung tendiert eher zu kleinkörnigeren Sorten, um den Saatgutbedarf zu senken. Neben der Erhöhung des Eiweißgehalts, der zwischen 24 und 32 % liegt, ist die Reduktion von verdauungshemmenden Inhaltsstoffen ein wesentliches Zuchtziel. Ein niedriger Gehalt der Glycoside Vicin und Convicin wird für die Verwendung in der Legehennenfütterung und in der menschlichen Ernährung angestrebt. Für die Schweine- und Hühnerfütterung werden Sorten mit niedrigem Tanningehalt gesucht. Weiß blühende Sorten zeigen einen deutlich geringeren Tanningehalt als bunt blühende Sorten.

Der Keimwasserbedarf der Ackerbohne ist sehr groß. Die Keimung erfolgt hypogäisch, das bedeutet, dass die Keimblätter unter der Erdoberfläche bleiben und den Keimling mit Nährstoffen versorgen. Die Blüte der Ackerbohnenpflanze verläuft von unten nach oben, da auch die Blüten in dieser Reihenfolge im Laufe des Sprosswachstums angelegt wurden. Die Blüte dauert normalerweise etwa 3 bis 4 Wochen, kann aber auch länger dauern. Während des Wachstums befinden sich an einer Pflanze im unteren Sprossteil bereits Hülsen mit Samen und in Richtung Sprossspitze immer noch Blütenknospen. Ackerbohne ist selbstfertil, es herrschen Selbst- und Fremdbefruchtung vor. Durch Insekten erfolgte Fremdbefruchtung führt sehr oft zu einem höheren Hülsenansatz, vor allem in den unteren Sprossteilen. Da die Hülsenanzahl je Pflanze eine sehr wichtige Ertragskomponente ist, ergeben sich daraus oft auch Mehrerträge.

© Orest Iyzhechka/Shutterstock.com

Verlauf der Blüte der Ackerbohne von unten nach oben.

PFLANZENBAU

Standortansprüche

Die Ackerbohne stellt hohe Ansprüche an eine gleichmäßige Wasserversorgung. Voraussetzung für einen erfolgreichen Anbau sind tiefgründige, mittelschwere bis schwere Böden mit guter Wasser- und Nährstoffversorgung. Sehr ungleichmäßige Böden führen zu starken Reifeunterschieden und Ernteschwierigkeiten. Da die Ackerbohne eine gleichmäßig hohe Wasserversorgung während der ganzen Vegetationszeit verlangt, gedeiht sie am besten auf Standorten mit ausgeglichener Niederschlagsverteilung. In Höhenlagen ab 500 m ist mit Reifeverzögerungen, höherer Erntefeuchtigkeit und geringeren Erträgen zu rechnen.

Fruchtfolge

Ackerbohne ist eine gute Möglichkeit zur Fruchtfolgeauflockerung. Da Leguminosen mit sich selbst nur bedingt verträglich sind, sollte eine Anbaupause von mindestens vier Jahren eingehalten werden. Diese Leguminose hinterlässt den Boden in einem sehr guten Garezustand, wodurch die nachfolgende Bodenbearbeitung erleichtert wird. Der von der Ackerbohne gebundene Stickstoff kann bis zu 400 kg/ha betragen. Im Laufe des Reifeprozesses wird der Großteil aber von den Wurzeln, Blättern und Stängel in die Körner verlagert und mit der Ernte abgetragen. Der vorhandene Reststickstoff unterliegt großen Schwankungen und wird von einer Wintergetreidenachfrucht, Raps oder einer Zwischenfrucht am besten genutzt. Ca. 20 bis 50 kg N/ha stehen der Nachfrucht zur Verfügung. Eine Stickstoffnachlieferung ist nicht nur unmittelbar nach der Ackerbohne, sondern auch noch in den Folgejahren zu erwarten.

Impfung/Inokulation

So wie bei Erbsen ist eine Inokulation des Saatguts bei Ackerbohne nicht notwendig. Es sind genügend Bakterien in unseren Böden vorhanden, um einen ausreichenden Besatz mit Knöllchenbakterien an der Wurzel zu erreichen und so die Stickstoffversorgung der Ackerbohne sicherzustellen. Für eine hohe Stickstoffassimilation sind ein pH-Wert von ca. 6 bis 7,5, ein ausreichendes Kalkangebot und ein gut durchlüfteter Boden wichtig.

Knöllchenbakterien an den Wurzeln.

Ackerbohnen-Keimlinge.

Bodenvorbereitung und Anbau

Bodenvorbereitung
Eine Lockerung im Herbst gewährleistet ein Saatbett, das im Frühjahr schnell abtrocknet. Dies ist wichtig, da die Ackerbohne schon sehr früh und tief angebaut wird. Die Saatbettbereitung im Frühjahr auf etwa 10 cm Tiefe sollte möglichst schonend ohne Verdichtungen erfolgen, da eine schlechte Durchlüftung des Bodens die Jugendentwicklung und die Entwicklung der Knöllchenbakterien hemmt. Daher ist es auch wichtig, eine Bearbeitung nur bei gut abgetrocknetem Boden durchzuführen. Vor allem bei einer Mulchsaat nach Begrünungen ist darauf zu achten, da unter diesen Bedingungen die Bodenfeuchtigkeit meist höher ist.

Saatzeit
Zeitig im Frühjahr, sobald der Boden abtrocknet, gut befahrbar und bearbeitbar ist, kann die Aussaat erfolgen. Aufgrund der Spätfrostverträglichkeit (bis −5 °C) und niedrigen Ansprüchen an die Keimtemperatur (2 bis 3 °C) kann die Saat ab Ende Februar erfolgen. Eine längere Vegetationsdauer wirkt sich positiv aus, weil eine höhere Blattmasse angelegt werden kann. Die größere Assimilationsfläche ermöglicht höhere Erträge.

Saatstärke
Die anzustrebende Bestandesdichte liegt bei 35 bis 40 Pflanzen je m². Je nach Tausendkornmasse ergibt sich eine Saatmenge von ca. 200 bis 300 kg/ha. Zu weit darunter sollte die Bestandesdichte nicht abfallen, da die Hülsenanzahl je Pflanze begrenzt ist und daher das Kompensationsvermögen einer geringen Bestandesdichte limitiert ist. Andererseits soll die Saatstärke bei einer rein mechanischen Unkrautbekämpfung um ca. 25 % erhöht werden.

Die Saatstärke errechnet sich nach folgender Formel:

$$\text{Saatstärke (kg/ha)} = \frac{\text{Körner/m}^2 \times \text{Tausendkornmasse (g)}}{\text{angenommener Feldaufgang (\%)}}$$

Beispiel:

$$222 = \frac{40 \times 500}{90}$$

Saattiefe
Ackerbohnen sollten 6 bis 10 cm tief gesät werden. Aufgrund des hohen Keimwasserbedarfs bewirkt eine entsprechend tiefe Saat – insbesondere im Trockengebiet und bei leichten Böden – einen gleichmäßigeren Aufgang, bessere Standfestigkeit und gleichmäßigere Abreife.

Saatmethode
Ackerbohne kann sowohl in Drill- als auch Einzelkornsaat gesät werden. Bei Einzelkornsaat liegen die Reihenabstände zwischen 30 und 50 cm. Die Saatstärke kann bei Einzelkornsaat auf ca. 30 Körner/m² reduziert werden.

Der Abstand in der Reihe errechnet sich folgendermaßen:

$$\text{Kornabstand in der Reihe [cm]} = \frac{100}{\text{Reihenweite [m]} \times \text{gewünschte Kornzahl/m}^2}$$

z. B. bei 30 Korn/m²

Reihenabstand	Abstand in der Reihe
35 cm	9,5 cm
42 cm	7,9 cm
45 cm	7,4 cm

Bei Drillsaat ist darauf zu achten, dass der Schardruck entsprechend erhöht wird, um das Saatgut tief genug abzulegen. Mit Scheibenscharen ist die geforderte Tiefe leichter zu erreichen als mit Schleppscharen. Das Anwalzen sollte nur bei sehr grobem Saatbett und bei trockenen Bedingungen gemacht werden, um die für die Entwicklung der Knöllchenbakterien notwendige Durchlüftung des Bodens nicht zu behindern.

Unkrautbekämpfung

Mechanische Unkrautbekämpfung

Striegeln

1. Blindstriegeln
   Grundvoraussetzung ist eine gleichmäßige tiefe Saatgutablage. Befindet sich der Keimling bereits 2 cm unter der Bodenoberfläche, ist das Striegeln einzustellen.

2. Striegeln nach dem Aufgang der Ackerbohne
   Ab der Entfaltung des dritten Blattpaares (ca. 5 cm) wird bis etwa 30 cm Wuchshöhe im Abstand von ca. 10 Tagen gestriegelt. Ein guter Bekämpfungserfolg ist nur im frühesten Jugendstadium der Unkräuter zu erwarten.

Das Striegeln sollte bei höheren Tagestemperaturen bzw. eher am Nachmittag durchgeführt werden. Durch den verminderten Turgordruck in den Pflanzen sind die Pflanzen elastischer und damit weniger verletzbar.

Hacken

Bei Ackerbohne kann ab ca. 5 bis 30 cm Wuchshöhe gehackt werden.

1. Arbeitsgang: Bei ca. 5 bis 10 cm Wuchshöhe der Bohnen, junge Pflanzen dürfen nicht verschüttet werden (evtl. Schutzscheiben verwenden).
2. Arbeitsgang: Durch zügiges Fahren beim Hacken sollten die Unkräuter in der Reihe mit Erde abgedeckt werden.

SCHÄDLINGE

Blattrandkäfer *(Sitona lineatus)*

Im Frühjahr kurz nach dem Auflaufen können Blattrandkäfer Schäden an Ackerbohnenbeständen verursachen. Vor allem bei kühlen Bedingungen mit langsamer Jugendentwicklung können die Käfer einen Blattverlust in Form von halbkreisförmigen Fraßstellen verursachen. Eine

Sitona lineatus.

Bekämpfung ist bei Überschreitung der Schadschwelle von 10 % Blattflächenverlust sinnvoll. Gefährlicher sind aber die Larven dieses Rüsselkäfers. Sie fressen an den Knöllchen der jungen Ackerbohnenpflanzen und können so das Wachstum behindern und die Anfälligkeit für Fuß- und Wurzelkrankheiten erhöhen.

Schwarze Bohnenblattlaus *(Aphis fabae)*

Schwarze Bohnenblattlaus an Ackerbohne.

Zur Vermeidung von Schäden durch die Saugtätigkeit der Blattläuse müssen ab ca. 40 cm Wuchshöhe die Bestände laufend kontrolliert werden. Besonders mit Erscheinen der ersten Blütenblätter ist die Beobachtung wichtig, damit eine Bekämpfung rechtzeitig durchgeführt werden kann.

Die Schadschwelle zur Vermeidung der Saugschäden liegt bei 10 % der Pflanzen mit Blattlauskolonien. Da die Besiedelung vom Rand her erfolgt, ist eventuell eine Randbehandlung ausreichend. Die Saugschäden können hohe Ertragsverluste verursachen, gefährlicher ist jedoch die Übertragung von Viren.

Ackerbohnenkäfer *(Bruchus rufimanus)*

Die Ackerbohnen werden ab einer Temperatur von über 16 °C vom Käfer besiedelt. Die Eier werden nach der Paarung ab Mitte Juni auf die Hülsen gelegt. Nach zwei bis vier Wochen schlüpfen die Larven und bohren sich durch die Hülsen in die Bohnen. Die Käfer der nächsten Generation verlassen großteils noch vor der Ernte die Körner. Ein Teil der Käfer bleibt in den Körnern, vermehrt sich zwar nicht weiter, frisst aber auch im Lager. Eine Vorbeugung ist die Anlage der Ackerbohnenflächen möglichst weit entfernt von vorjährigen Ackerbohnen- und Erbsenflächen.

Thrips

Thripse zerstören die Blütenanlagen, indem sie die Kronblätter am Blütengrund ansaugen.

Hülsenansatz bzw. -ausbildung sind dadurch beeinträchtigt, was zu erheblichen Ertragseinbußen führen kann. Neben den direkten Schäden sind Thripse auch als Überträger verschiedener Viruserkrankungen bekannt. Chemische Bekämpfung kann erforderlich werden, wenn die Schadschwelle von einem Thrips/zwei Pflanzen überschritten wird.

Alle Behandlungen gegen die Ackerbohnenschädlinge sind aus Gründen des Bienenschutzes nur abends nach Beendigung des Bienenflugs durchzuführen bzw. unter Beachtung der Bienenschutzauflagen!

KRANKHEITEN

Keimlings- und Auflaufkrankheiten *(Fusarium-, Phoma- und Rhizoctonia-Pilze)*

Durch diese Pilzinfektionen, oft auch als Mischinfektion, wachsen die Pflanzen langsamer, die Blätter rollen sich von unten nach oben ein und es kommt zum Verfaulen des Stängelgrundes und der Wurzeln. Trockenstress verstärkt die Symptomatik wie Vergilbung, Welken und ein nesterweises Absterben. Durch eine Saatgutbeizung, gesundes Saatgut und weite Fruchtfolge können die Pflanzen geschützt werden.

Brennfleckenkrankheit *(Ascochyta fabae)*

Auf Blättern, Stängeln und Hülsen sind graue, eingesunkene, scharf abgegrenzte, bis 1 cm große Nekrosen mit hellem Zentrum und Sporenbehälter in Form von kleinen schwarzen Punkten erkennbar. Vor allem der Hülsenbefall ist gefährlich, da der Pilz die Samen befällt.

Zur Bekämpfung stets gesundes Saatgut verwenden, da der Befall meist von infiziertem Saatgut seinen Ausgang nimmt!

Ascochyta-Brennflecken.

© LK NÖ/Wasner

Schokoladenflecken an Ackerbohne.

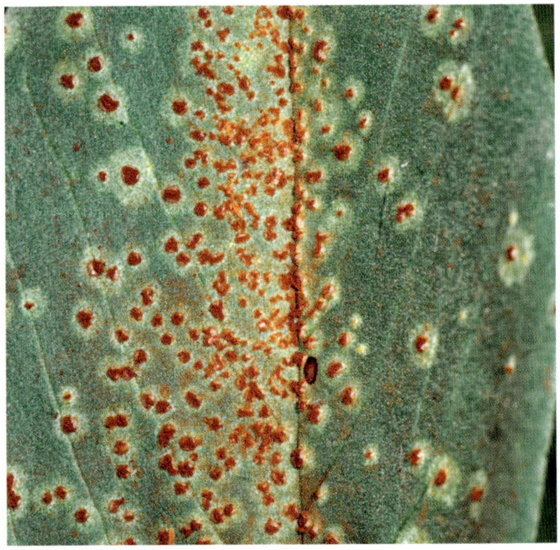

© Sarah2/Shutterstock.com

Ackerbohnenrost *(Uromyces fabae).*

Schokoladenfleckenkrankheit *(Botrytis fabae, B. cinerea)*

Zunächst sind nur kleine braune, scharf abgegrenzte Flecken mit hellem Zentrum sichtbar, die speziell bei feuchtwarmer Witterung rasch zusammenfließen und zu vorzeitigen Blatt- und Assimilationsverlusten führen.

Neben der Bekämpfung mit Fungiziden ist eine Vorbeugung der Schokoladenfleckenkrankheit möglich, indem der Anbau auf staunassen Flächen vermieden wird. Weite Fruchtfolgen und großer Abstand zu Flächen mit im Vorjahr kranken Beständen, keine zu dichte Saat für einen gut durchlüfteten Bestand und alle Maßnahmen zur Förderung der Verrottung der Pflanzenrückstände können den Befall reduzieren.

Ackerbohnenrost *(Uromyces fabae)*

Vom Wind übertragene Sporen sind verantwortlich, dass sich ab der Blüte an den Blättern, Stielen und Hülsen zunächst kleine helle Flecken und später rotbraune Rostpusteln bilden.

Mit zugelassenen Fungiziden kann der Rost bekämpft werden. Befallene Pflanzenreste sollen gut in den Boden eingearbeitet werden, um den Abbau zu fördern.

Zudem können noch **Falscher Mehltau** *(Peronospora viciae)* bei feuchtkühler Witterung und **Sklerotinia** *(Sclerotinia sclerotiorum)* auftreten. Durch *Sklerotinia* geschädigte Pflanzen welken frühzeitig und haben einen weiß überzogenen Stängel. In den Stängeln sind die schwarzen Dauerkörper zu finden. Durch **Bakterielle Schwarzbeinigkeit und Blattfleckenkrankheit** *(Pseudomonas fabae)* treten besonders bei verzögerter Keimlings- und Jugendentwicklung Dunkel- bis Schwarzfärbung der bodennahen Stängelteile sowie des Wurzelbereichs auf. In fortgeschrittenem Stadium kann es auch zu Blatt- und Hülsenbefall kommen.

VIRUSERKRANKUNGEN

Nanoviren

Auch bei Ackerbohnen haben die durch Blattläuse übertragenen Nanoviren (Pea necrotic yellow dwarf virus – PNYDV) zu starken Ertragseinbußen geführt. So wie in anderen gefährdeten Leguminosen auch werden die Nanoviren hauptsächlich durch die Grüne Erbsenblattlaus *(Acyrthosiphon pisum)* in die Ackerbohnenbestände eingetragen. Gemeinsam mit der Schwarzen Ackerbohnenlaus erfolgt die weitere Ausbreitung im Bestand. Die

© LK NÖ/Wasner

Durch Nanoviren geschädigte Ackerbohnenpflanze.

Pflanzen sind an einem gestauchten Wuchs und kleineren, nach oben gerollten Blättern zu erkennen. Dies führt durch einen geringen Hülsenansatz und eine schlechte Kornausreifung zu den Ertragsverlusten bis hin zu Totalausfällen.

Eine konsequente Beobachtung und Bekämpfung der Blattläuse ab dem Jugendstadium ist notwendig. Abhilfe könnte eventuell auch durch den Anbau von Mischkulturen (z. B. Ackerbohne mit Hafer) geschaffen werden, da diese weniger attraktiv für Blattläuse sind.

Zu den Wirtspflanzen für das PNYDV gehören vor allem Leguminosen, wie Erbsen, Ackerbohnen, Kleearten, Wicken, Linsen, Kichererbsen. Die Sojabohne, Luzerne, Rot- und Weißklee oder *Phaseolus*-Bohne gelten nicht als Wirtspflanzen.

Zudem können auch noch andere Viruserkrankungen wie Scharfes Adernmosaikvirus (Pea enation mosaic Virus – PEMV) und der Blattrollvirus (Bean leof roll virus – BLVR) auftreten, die ebenfalls durch Blattläuse übertragen werden.

Düngung

Eine Stickstoffstartdüngung zum Anbau ist im Allgemeinen nicht notwendig. Das Düngebedürfnis für Phosphor und Kali ist relativ hoch und richtet sich nach der Versorgung des Bodens (siehe Bodenuntersuchung) und der Ertragserwartung. Der Schwefelbedarf beträgt 10 bis 30 kg/ha. Der Bedarf des Spurenelements Bor ist mittel. Vor allem unter trockenen Bedingungen auf kalkreichen Böden kann die Versorgung limitiert sein.

Ertragslage [t/ha]	N*) [kg/ha]	P_2O_5**) [kg/ha]	K_2O**) [kg/ha]
< 2,0	0	60	110
2,0–3,5	0	65	120
> 3,5	0	75	140

Tabelle 12: Düngeempfehlung in Abhängigkeit der Ertragslage in Anlehnung an „Richtlinien für die sachgerechte Düngung, 7. Auflage“ (BMLFUW, 2017)

*) Bei Verwendung von nicht beimpftem Saatgut, bei mangelndem Knöllchenbesatz oder bei erstmaligem Anbau ist eine N-Düngung bis 60 kg/ha zulässig.

**) Bei Versorgungsstufe C

© Matthew Ashmore/Shutterstock.com

Die Ernte von Ackerbohnen erfolgt, wenn alle Hülsen braunschwarz verfärbt sind.

ERNTE

Die Ernte erfolgt im August bis Mitte September mit Mähdrescher bei verringerter Trommeldrehzahl und geöffnetem Dreschkorb. Die Verwendung eines Seitenschneidwerks ist bei beginnendem Schräglager zweckmäßig. Eine Trocknung der Erntegutes auf unter 14 % ist unerlässlich. Eine Reinigung ist dringend anzuraten. Die Ernte erfolgt, wenn alle Hülsen braunschwarz verfärbt sind, bevor die untersten Hülsen aufplatzen.

© Duncan Andison/Shutterstock.com

Blick in eine unreife Ackerbohnen-Hülse.

WINTERACKERBOHNE

Bei den sogenannten „Winter“-Ackerbohnen handelt es sich, so wie bei den Sommerformen, um sommerannuelle, einjährige Pflanzen, die aber eine erhöhte Toleranz gegenüber tiefen Temperaturen haben. In Österreich gebräuchliche Sorten überstehen Temperaturen von etwa −13 °C, bei einer schützenden Schneedecke auch tiefere Temperaturen. Der Anbau erfolgt in etwa zeitgleich mit Winterweizen. Zu früh angebaut leidet die Frosthärte.

Da die Winterformen zwei bis drei gleichwertige Triebe je Pflanze entwickeln, liegt die Saatstärke niedriger als bei der Sommerform bei etwa 25 bis 30 Körnern/m^2.

Im Vergleich zu den Sommerformen ist die Entwicklung der Winterformen im Frühjahr schneller, was sich in einer etwa drei Wochen früheren Blüte äußert. Die weiter entwickelten Winterformen haben einen Vorteil bei Befall durch Blattläuse, da die damit einhergehende Virusübertragung erst in einer späteren Entwicklungsphase erfolgt und somit weniger Schaden anrichten kann. Gegenüber Schokoladenfleckenkrankheit sind sie aber anfälliger.

© j.chizhe/Shutterstock.com

Getrocknete Ackerbohnen.

ACKERBOHNE: FRAGEN FÜR DIE PRÜFUNGSVORBEREITUNG

1. Nennen Sie den botanischen Namen der Ackerbohne.
2. Beschreiben Sie die Ackerbohnenpflanze.
3. Welche Zuchtziele sind bei der Entwicklung neuer Ackerbohnen-Sorten zu erfüllen?
4. Was ist bei der Keimung von Ackerbohnen zu beachten?
5. Beschreiben Sie die wichtigsten Kulturabschnitte der Ackerbohne.
6. Wie wirkt sich die Fremdbefruchtung durch Insekten auf die Erträge aus?
7. Welche Ansprüche stellt die Ackerbohne an den Standort?
8. Wie wird die Ackerbohne in der Fruchtfolge berücksichtigt?
9. Wie wirkt sich die Vorfrucht Ackerbohne auf nachfolgende Kulturen aus?
10. Beschreiben Sie die Impfung/Inokulation bei der Ackerbohnenkultur.
11. Welche Bodenvorbereitungsmaßnahmen sind vor dem Anbau durchzuführen?
12. Was gibt es bezüglich Saatzeit zu beachten?
13. Wie berechnet sich die Saatstärke bei Ackerbohnen?
14. Welche Saattiefe ist empfehlenswert?
15. Welche Saatmethoden kommen zur Anwendung?
16. Beschreiben Sie die Methoden der mechanischen Unkrautbekämpfung bei der Ackerbohnenkultur.
17. Nennen Sie 5 Schädlinge oder Krankheiten der Ackerbohne und beschreiben Sie deren Schadbilder.
18. Wie lässt sich einer Infektion durch Nanoviren vorbeugen?
19. Beschreiben Sie die Düngemaßnahmen bei der Ackerbohnenkultur.
20. Was ist bei der Ernte zu beachten?
21. Wie unterscheidet sich die Winterackerbohne von den Sommerformen?

Lebenszyklus der Ackerbohne.

KÖRNERERBSE

© NataLima/Shutterstock.com

Die Erbse *(Pisum sativum)* gehört zur Familie der Leguminosen. Es gibt unterschiedliche Formen, die sich durch die Nutzung unterscheiden. Bei Körnererbsen *(Pisum sativum* conv. *sativum)* wird in erster Linie das reife Korn genutzt, während bei Futtererbsen *(Pisum sativum* conv. *speciosum)* die Nutzung als Grünpflanze im Vordergrund steht.

Die Körnererbse hat ein gelbes oder grünes Korn mit einer Tausend-Korn-Masse (TKM) von 200 bis 500 g. Der Proteingehalt liegt zwischen 18 und 25 %. Die meisten Körnererbsensorten blühen weiß und sind eher kurzwüchsig. Die Körner der Futtererbsen sind kleiner (TKM 120 bis 200 g) und bräunlich. Die Futtererbsen haben rosa bis violette Blüten und sind höherwüchsig, aber auch weniger standfest.

Die Erbsenpflanzen haben einen vierkantigen Stängel, der je nach Standraum und Umweltverhältnissen mehr oder weniger Seitentriebe aufweist. Die Verzweigungsfähigkeit kann zum Teil eine reduzierte Bestandesdichte ausgleichen. Die Wuchshöhe ist sortenabhängig und schwankt zwischen 40 und 120 cm. Die Blätter sind ein- bis dreipaarig gefiedert und tragen endständige Blattranken. Die zurzeit gebräuchlichsten Sorten gehören halbblattlosen Typen (semileafless-Typ, Rankentyp) an, bei denen nur die Nebenblätter entwickelt sind und die Fiederblätter zu Ranken umgebildet sind. Bei diesen Sorten verhaken sich die Pflanzen untereinander besser und bilden einen standfesteren Bestand. Die Standfestigkeit ist ein wesentliches Merkmal moderner Körnererbsensorten. Während frühe Sorten an der Pflanzenbasis umgeknickt sind und daher zur Gänze am Boden gelegen sind, brechen neuere Sorten zwar noch ein wenig zusammen, lagern aber nicht auf der Erde. Die Erntbarkeit und Qualität des Ernteguts wurde dadurch deutlich gesteigert.

Sorten des Blatttyps haben mehr ausgebildete Blätter und weniger Ranken, wodurch die Standfestigkeit leidet. Der Vorteil dieser Sorten besteht jedoch darin, dass sie durch den höheren Blattanteil eine bessere Bodenbedeckung erreichen. Dadurch ist die Unkrautunterdrückung besser. Zur Vermeidung von lagernden Beständen kann bei diesen Sorten eine Stützfrucht (z. B. Getreide oder Leindotter) eingesät werden.

© Dmytro Khlystun/Shutterstock.com

Halbblattlose Körnererbsen mit Blättern und Ranken.

Erbsen sind Selbstbefruchter, wobei die Befruchtung bereits im Knospenstadium erfolgt. Die Blüte des Bestandes dauert etwa 2 bis 3 Wochen. Die Blüte der Einzelpflanze verläuft von unten nach oben. Die unteren Hülsen sind länger und haben mehr Platz für eine höhere Samenanzahl als die oberen Hülsen. Da auch das Gewicht der Einzelsamen in den zuerst angelegten Hülsen höher ist, wird der Einzelpflanzenertrag überwiegend durch den Ansatz auf den unteren drei bis vier hülsentragenden Knoten bestimmt.

KULTURFÜHRUNG

Standortansprüche

Körnererbsen bevorzugen mittelschwere bis leichte Böden mit ausreichendem Kalk- und Humusgehalt. Tiefgründige Böden mit guter Wasserhaltefähigkeit sichern die Wasserversorgung der Pflanze bei Trockenheit und tragen wesentlich zur Ertragssicherheit bei. Zu Staunässe neigende, schwere Böden sind weniger geeignet, da Erbsen auf eine schlechte Durchlüftung des Bodens empfindlich reagieren. Ein möglichst geringer Steinbesatz erleichtert die Erntebarkeit, besonders wenn die Gefahr von Lager besteht.

Körnererbsen gehen eine Symbiose mit Knöllchenbakterien im Boden ein. Im Gegensatz zu manch anderen Leguminosen, z. B. Sojabohne, sind diese Knöllchenbakterien in unseren Böden in ausreichender Zahl vorhanden, sodass keine zusätzliche Beimpfung des Saatguts notwendig ist. Generell soll der pH-Wert des Bodens nicht unter 6 liegen. Die Aktivität der Knöllchenbakterien und damit die Bindung von Luftstickstoff werden bei niedrigeren pH-Werten gehemmt.

Fruchtfolge

Generell sind Leguminosen mit sich selbst nur bedingt verträglich. Daher sollte eine Anbaupause von Körnererbsen von mindestens 5 bis 6 Jahren eingehalten werden. Die Körnererbse hinterlässt den Boden in einem sehr guten Garezustand, wodurch die Intensität der Bodenbearbeitung für die Aussaat der Folgefrucht reduziert werden kann.

Erbsenfeld in der Blüte.

Körnererbsen hinterlassen etwa 20 bis 40 kg Stickstoff je ha, wobei in einer Bilanzierung der Saldo zwischen N-Bindung und Abfuhr durch das Erntegut auch negativ sein kann. In der Fruchtfolgegestaltung sollte daher darauf geachtet werden, dass nach der Körnererbse eine Winterung (Wintergerste, Winterweizen oder Raps) angebaut wird, um den gebundenen Stickstoff bestmöglich auszunützen. Eine weitere Möglichkeit wäre, nach der Körnererbsenernte eine Winterbegrünung anzulegen, die ebenfalls den Stickstoff bindet und dadurch für die Folgekultur im Frühjahr zur Verfügung stellt. Eine langjährige Einbindung der Körnererbse in die Fruchtfolge bedingt auch, dass eine Stickstoffnachlieferung auch in den Folgejahren zu erwarten ist.

Als Vorfrüchte für die Körnererbse können ebenso alle Getreidearten als auch Mais oder Zuckerrübe stehen. Bevorzugt werden Vorfrüchte, die eine intensive Unkrautbekämpfung von mehrjährigen und ausläufertreibenden Unkräutern ermöglichen. Die Körnererbse in der Fruchtfolge bietet auch die Möglichkeit, vorher eine Winterbegrünung anzulegen, wobei der Leguminosenanteil nicht zu hoch sein sollte, um negative Auswirkungen auf den Krankheitsdruck zu vermeiden.

BODENVORBEREITUNG UND ANBAU

Bodenbearbeitung

Die Körnererbse reagiert wie viele Leguminosen äußerst empfindlich auf Bodenverdichtungen. Die Bodenbearbeitung soll in möglichst wenigen Überfahrten erledigt werden, damit Fahrspuren reduziert und Verdichtungen vermieden werden. Daher wäre es sinnvoll, die Saatbettbereitung und den Anbau in einem Arbeitsgang durchzuführen. Die Körnererbse kann auch nach Begrünungen angebaut werden. Da es unter der Mulchschicht meist feuchter ist, soll darauf geachtet werden, dass der Boden ausreichend abgetrocknet ist, bevor eine Bodenbearbeitung erfolgt. Auch wenn die Körnererbse für einen frühen Anbau dankbar ist, muss der Feuchtezustand des Bodens vor allem bei schwereren Böden im Auge behalten werden.

Unter trockenen Bedingungen soll die Bodenbearbeitung möglichst flach erfolgen, um die Bodenfeuchtigkeit für die Keimung zu erhalten. Bei tieferer Bearbeitung muss der Boden vor der Saat wieder genügend rückverdichtet werden.

Ein Landwirt überprüft der Erbsen-Jungpflanzen.

Saat

Die Aussaat der Körnererbse sollte möglichst früh (März bis Anfang April) erfolgen. Eine frühe Aussaat begünstigt die vegetative Entwicklung, welche sich positiv auf den Ertrag auswirkt. Niedrige Keimtemperaturen von 2 bis 3 °C und die Frostresistenz der Jungpflanzen (−4 °C, bei kurzer Einwirkzeit) rechtfertigen eine frühe Saat. Die Keimung erfolgt hypogäisch, d. h., die Keimblätter bleiben im Boden. Die Keimblätter sind ein wichtiges Speicherorgan für die Entwicklung der Jungpflanze.

Saatstärke

Die Körnererbsen sollen in engen Reihenabständen (Getreideabstand) möglichst dicht mit etwa 80 bis 100 Körnern/m^2 ausgesät werden, wobei bei den Rankentypen die höhere Kornzahl empfehlenswert ist. In Abhängigkeit der Tausendkornmasse ergibt sich eine Saatstärke von etwa 180 bis 300 kg/ha. In diesem Bereich hat die Saatstärke keinen Einfluss auf den Ertrag. Dichte Bestände haben den Vorteil einer besseren Unkrautunterdrückung. Zu dichte Bestände reagieren aber empfindlicher auf Trockenheit und es muss mit einem erhöhten Krankheitsrisiko gerechnet werden.

$$\text{Saatstärke [kg/ha]} = \frac{\text{Körner/m}^2 \times \text{Tausendkornmasse [g]}}{\text{angenommener Feldaufgang [\%]}}$$

Beispiel:

$$264 = \frac{95 \times 250}{90}$$

Originalsaatgut wird in Packungseinheiten mit einer genau definierten Kornanzahl (z. B. 100.000 keimfähige Körner) abgegeben. Die Saatstärke ist dann auf das angegebene **Packungsgewicht** × 8 (bei ~ 80 Pfl./m^2) bzw. × 10 (bei ~ 100 Pfl./m^2) einzustellen.

Die Samenablage soll auf etwa 4 bis 6 cm Tiefe erfolgen, damit der hohe Keimwasserbedarf der Erbse gedeckt werden kann. Die Einhaltung dieser Saattiefe garantiert gleichmäßigen Aufgang, gute Wurzelausbildung, bessere Standfestigkeit und ein geringeres Schadrisiko durch Vorauflaufherbizide. Ist eine erste Unkrautbekämpfung durch Blindstriegeln vorgesehen, ist die tiefere Ablage besser, um den Keimling vor mechanischen Schäden zu schützen.

Auf unebenen, steinigen und klutigen Böden kann das Anwalzen nach der Saat sinnvoll sein. Dieser Arbeitsgang sollte spätestens drei Tage nach der Saat erledigt werden, weil danach das Samenkorn möglichweise schon gequollen ist und durch die Walze geschädigt werden könnte. Bei zu lockerem Boden oder zu flacher Saat wird dadurch der Keimwasserbedarf gesichert. Auf zur Verschlämmung neigenden Böden und unter feuchten Bedingungen sollte das Walzen unterbleiben (Verkrustung, schlechter Gasaustausch).

Unkrautbekämpfung

Verunkrautung kann bei Körnererbsen zu erheblichen Ertragseinbußen führen. In der Jugendphase steht der langsam schließende Erbsenbestand in direkter Konkurrenz um Wasser und Licht. Im erntereifen Bestand beeinträchtigen die oftmals noch grünen Unkräuter die Erntearbeit.

Mechanische Unkrautbekämpfung

Bei der Körnererbse kommt in erster Linie bei einer mechanischen Unkrautbekämpfung der Striegel zum Einsatz. Eine geregelte Fruchtfolge, eine gute Bodenstruktur, eine sorgfältige Saatbettbereitung und die Beobachtung von Kultur- und Unkrautentwicklung sind Grundvoraussetzungen für einen Erfolg.

Blindstriegeln

Grundvoraussetzung ist eine gleichmäßig tiefe Saatgutablage. Das Blindstriegeln ist nur möglich, solange sich der Keimling noch 2 cm unter der Erdoberfläche befindet. Wird zu spät gestriegelt, kommt es zu massiven Auflaufschäden, was wiederum zu lückigen Beständen führt.

Striegeln nach dem Aufgang

Striegeln nach dem Aufgang der Körnererbse ist ab Entwicklung des 4-Blatt-Stadiums möglich (Wuchshöhe ab ca. 5 cm). Der Striegeleinsatz kann bis zur Bildung von Ranken erfolgen. Generell soll das Striegeln bei höheren Tagestemperaturen um die Mittags- bis Nachmittagszeit durchgeführt werden, da zu diesem Zeitpunkt die Pflanzen am wenigsten verletzt werden.

Der Unkrautdruck darf nicht zu hoch sein, die Unkräuter sollen im Keimblatt-Stadium bis 1- bis 2-Blatt-Stadium sein. Der Haupteffekt des Striegelns liegt im Verschütten der kleinen Unkräuter. Wurzelunkräuter werden nicht erfasst. Der Boden muss trocken, locker und „beweglich" sein. Die Witterung spielt für den Erfolg eine maßgebliche Rolle; mindestens ein Tag Trockenheit und Sonnenschein nach dem Arbeitsgang sind notwendig, damit die ausgerissenen Unkräuter verwelken und nicht weiterwachsen. Unmittelbar nach dem Striegeleinsatz dürfen keine Nachauflauf-Herbizide angewendet werden, um eine Schädigung verletzter Pflanzen zu vermeiden. Eine mechanische Unkrautbekämpfung mittels Hacke ist dann möglich, wenn in größeren Reihenabständen gesät wurde. Allerdings sinkt durch weitere Reihenabstände die Fähigkeit, Unkraut zu unterdrücken.

Chemische Unkrautbekämpfung

Vorauflaufverfahren

Auf die Wirkung von bodenaktiven Herbiziden wirkt sich ein feinkrümeliges Saatbett positiv aus, da ein geschlossener Wirkstofffilm an der Oberfläche besser erreicht werden kann. In diesem Zusammenhang hat das Walzen von schweren, grobkrümeligen Flächen einen Vorteil. Ebenso ist für eine sichere Wirkung von Vorauflaufherbiziden eine ausreichende Bodenfeuchte notwendig. Auf sehr leichten Standorten können nach Starkregen nach der Applikation Verträglichkeitsprobleme auftreten. Überlappungen sind unbedingt zu vermeiden.

Nachauflaufverfahren

Spritzungen im Nachauflauf dürfen nicht zu spät durchgeführt werden, da ansonsten die Unkräuter in vielen Fällen für einen ausreichenden Bekämpfungserfolg bereits zu groß sind oder von den Erbsen teilweise schon überdeckt werden. Bei zu später Anwendung ist mit einer Schädigung der Kulturpflanzen zu rechnen.

Bei einer Anwendung von Nachauflaufherbiziden und Gräsermitteln ist ein zeitlicher Abstand von mindestens zehn Tagen erforderlich, keinesfalls soll eine Tankmischung dieser Produkte eingesetzt werden!

SCHÄDLINGE

Gestreifter Blattrandkäfer *(Sitona lineatus)*

Die gräulich braunen, länglichen, 3 bis 5 mm großen Käfer verursachen ab dem Auflaufen der Erbse an den Blättern bogenförmige Fraßstellen. Bei einer langsamen Jugendentwicklung kann ein relevanter Schaden durch den Blattflächenverlust eintreten. Bei zügiger Entwicklung bleibt der Schaden meist unter der Schadschwelle (10 % Blattflächenverlust in der Jugendphase). Bedeutender als der Käferfraß selbst ist der Schaden durch die Larven, da diese die stickstoffbindenden Wurzelknöllchen der Pflanzen schädigen.

Möglichst großer Abstand zu vorjährigen Leguminosenflächen kann den Befall reduzieren. Für eine chemische Bekämpfung bei Überschreitung der Schadschwelle stehen Kontaktinsektizide zur Verfügung.

Grüne Erbsenblattlaus *(Acyrthosiphon pisum)*

Ab Knospenbildung fliegt der 3 bis 5 mm große Schädling in die Felder ein. Es kommt durch die Saugtätigkeit an Blättern, Knospen und jungen Hülsen zu Wuchsdepressionen, Verkrüppelungen der Hülsen und zu einer vermehrten Anfälligkeit für Krankheiten (v. a. *Botrytis*). Durch die kurze Generationsdauer unter günstigen Witterungsbedingungen (10 Tage bei 20 °C) und die hohe Vermehrungrate kommt es rasch zur Massenvermehrung, wobei mehrere Generationen gebildet werden. Saugschäden sind zu erwarten, wenn mehr als 5 bis 10 Blattläuse/Trieb vorhanden sind. Da die Blattläuse gut versteckt sind, sind die Pflanzen auf weißes Papier oder in eine Schale auszuschütteln. Für die Bekämpfung sind Insektizide mit einer Dampfphase gut geeignet, um auch eine Wirkung gegen versteckt sitzende Blattläuse zu erreichen.

Erbsenthrips *(Kakothrips robustus)*

Die 1 bis 2 mm großen flinken Tiere (Larven gelblich, erwachsene Tiere dunkel bis schwarz) verursachen durch ihre Saugtätigkeit Welke-, Deformations- und Vergilbungserscheinungen. Blüten und Hülsen werden abgeworfen. Durch die Saugtätigkeit dringt Luft in die Blätter und Hülsen ein und lässt diese silbrig erscheinen. Die Schadschwelle liegt bei 20 Thripseier oder Larven je 10 Blütenköpfen. Neben einem Insektizideinsatz beugen eine frühe Saat und die Verwendung von frühreifenden Sorten einem Schaden vor. Bei heißem, trockenem Wetter ist mit einem stärkeren Befall zu rechnen.

Erbsenkäfer *(Bruchus pisorum)*

Der ovale, 4 bis 5 mm große schwärzliche, mit hellen Flecken versehene Käfer legt an die jungen Hülsen Eier, die daraus schlüpfenden Larven bohren sich durch die Hülsenwand und verpuppen sich in den Körnern. Zur Reife verlässt der fertige Käfer durch ein kreisrundes Loch die Erbsen. Dies geschieht teilweise am Feld oder erst am Erbsenlager. In den Lagerräumen vermehrt er sich nicht mehr weiter, frisst aber weiter an den Samen. Eine Vorbeugung ist die Anlage der Erbsenflächen möglichst weit entfernt von vorjährigen Erbsenflächen.

Erbsenwickler *(Cydia nigricana)*

Der Schmetterling kann sich zu einem wichtigen Schädling bei vermehrtem Erbsenanbau entwickeln. Die ca. 15 mm großen Falter fliegen auf blühende Erbsenfelder zu und legen dort Eier ab. Die Larven dringen in die Hülsen ein und fressen dort die noch weichen Samen. Zwischen den Samen sind Kotkrümel zu erkennen. Nach etwa 3 Wochen bohren sich die Larven aus den Hülsen, lassen sich zu Boden fallen und verpuppen sich später im Boden. Durch Pheromonfallen wird der Zuflug der Schmetterlinge kontrolliert. Ab zehn Faltern pro Falle und Tag bei warmer Witterung können nach fünf bis acht Tagen schlüpfende Junglarven durch einen Insektizideinsatz bekämpft werden. Bei weiterem Zuflug kann eine Anschlussbehandlung nach acht bis vierzehn Tagen notwendig werden.

Früh gesäte Bestände, frühblühende Sorten und Sorten mit kurzer Blühdauer werden in der Regel schwächer befallen.

Erbsengallmücke *(Contarinia pisi)*

Die Larven der Mücke führen durch ihre Saugtätigkeit zu Stauchungen und rosettenartigem Wuchs der Triebe, zu Verdickungen und Gallenbildung. Befallene Blätter fallen ab, betroffene Hülsen einer zweiten Larvengeneration verkrüppeln, platzen auf und beeinträchtigen die Kornausbildung. Die Larven verlassen danach die Hülsen, um sich zur Überwinterung in einem Kokon in die oberen Bodenschichten zurückzuziehen. Weiter Abstand zu vorjährigen Erbsenfeldern, frühe Aussaat schnell abblühender und abreifender Sorten können den Schaden begrenzen.

Zudem können Bodenschädlinge auftreten, wie z. B. Drahtwürmer, Erdraupen, Schnecken oder Erdflöhe.

Alle Behandlungen gegen die Erbsenschädlinge sind aus Gründen des Bienenschutzes nur abends nach Beendigung des Bienenflugs durchzuführen bzw. unter Beachtung der Bienenschutzauflagen!

KRANKHEITEN

Keimlings- und Auflaufkrankheiten *(Fusarium-, Ascochyta-, Rhizoctonia-*Pilze u. a.*)*

Nach Aufgang wachsen die Pflanzen langsamer, die Blätter werden gelb und rollen sich ein, Stängelgrund und Wurzeln verfaulen. Besonders stark können diese Krankheiten in Jahren mit viel Niederschlag auf verdichteten Böden (z. B. am Vorgewende) und bei allgemeiner Stresssituation (z. B. auch durch Herbizide oder falsche Striegeltechnik) auftreten.

Vorbeugend helfen eine weite Fruchtfolge mit einem Anbauabstand von mindestens fünf Jahren, eine sorgfältige Boden- und Saatbettbereitung, die Verwendung von gesundem Saatgut und eine fungizide Saatgutbeizung.

Fuß- und Brennfleckenkrankheit *(Ascochyta-*Arten*)*

Früher Befall führt zum Absterben des Keimlings und damit zu lückigen Beständen. Auf Blättern und Stängeln sind graue, eingesunkene, scharf abgegrenzte, bis 1 cm große Nekrosen mit hellem Zentrum erkennbar („Brennflecken"). An den Hülsen und Körnern sind die Flecke meist bräunlich. Die Blätter und Triebe bleiben kleiner. Geht die Infektion auf Samen über, sind diese als Saatgut nicht mehr verwendbar.

Stets gesundes Saatgut verwenden, da der von Pilzen der Gattung *„Ascochyta"* verursachte Befall meist von infiziertem Saatgut seinen Ausgang nimmt. Da die Pilzsporen im Boden auf befallenen Pflanzenresten mehrere Jahre überleben, ist ein ausreichender Fruchtfolgeabstand (mind. fünf Jahre) einzuhalten. Saatgutbeizung kann vor allem den Keimling schützen. Eine gezielte Krankheitsbekämpfung ist mit zugelassenen Fungiziden möglich.

Grauschimmel *(Botrytis cinerea)*

Bei feuchter Witterung treten an Blättern und Hülsenspitzen gräuliche Flecken mit einem hellen Pilzrasen auf. Besonders durch die Saugtätigkeit, z. B. von Blattläusen, wird der Befall gefördert. Früher Befall der Hülsen kann zu Hülsenabwurf führen.

Die Verwendung von gesundem Saatgut und eine Saatgutbeizung beugen vor.

Rostkrankheit *(Uromyces pisi)*

Vor allem bei Spätsaaten bilden sich zum Zeitpunkt der natürlichen Abreife an den Blättern, Stielen und Ranken hellbraune, später dunkelbraune Rostpusteln, die zumeist aber nicht bekämpfungswürdig sind. Sortenwahl beugt vor, und durch Fungizideinsatz kann ein Starkbefall bekämpft werden.

Falscher Mehltau *(Peronospora pisi)*

An der Blattoberseite sind Aufhellungen zu sehen, auf der Blattunterseite ist ein gräulicher Pilzrasen zu finden. Bei lang anhaltender feuchtkühler Witterung kann es zu Ertragsausfällen kommen. Auch hier stellen Fruchtfolge, gesundes Saatgut, Saatgutbeize sowie Sortenwahl Bekämpfungsmöglichkeiten dar.

Echter Mehltau *(Erysiphe pisi)*

Unter trockenen, warmen Bedingungen bei Vorhandensein von Tauwasser kann es zu Infektionen kommen, die sich an einem grauen Pilzrasen an der Blattoberseite zeigen. In weiterer Folge können die Blätter vergilben. Bei früher Infektion sind Ertrags- und Qualitätseinbußen möglich. Rechtzeitiger Anbau, gesundes Saatgut, Saatgutbeizung und Sortenwahl helfen gegen einen Befall.

VIRUSERKRANKUNGEN

Nanoviren

Bedeutender als der Schaden durch die Saugtätigkeit der Blattläuse ist die Übertragung von Viren. Neben dem Scharfen Adernmosaikvirus (Pea enation mosaic Virus – PEMV) und Blattrollvirus sind das vor allem Nanoviren (Pea necrotic yellow dwarf virus – PNYDV). In Gebieten mit hoher Anbaudichte von Leguminosen können die Nanoviren enorme Schäden bis hin zum Totalausfall anrichten. Von verschiedenen überwinternden Leguminosen ausgehend, übertragen Blattläuse (neben der Grünen Erbsenblattlaus auch die Schwarze Bohnenblattlaus) den Virus in die jungen Bestände. Zur Virusübertragung reicht eine Blattlaus je Pflanze, die einige Zeit an der Pflanze verweilt. Innerhalb des Bestandes wird der Virus ebenfalls durch Blattläuse weiter übertragen. Je früher die Pflanze befallen wird, desto größer sind

Mit Nanoviren befallene Körnererbse.

die Schäden. Sind die Schadsymptome (Aufhellung der gesamten Pflanze, eingerollte Blätter) einmal zu sehen, besteht keine Bekämpfungsmöglichkeit mehr. Sobald infizierte Blattläuse im Bestand auftreten, müssen diese bekämpft werden. Wintererbsen sind aufgrund des Entwicklungsvorsprungs im Frühjahr etwas besser geschützt. Abhilfe könnte eventuell auch durch den Anbau von Mischkulturen geschaffen werden, da diese weniger attraktiv für Blattläuse sind.

DÜNGUNG

Aufgrund der Stickstoffbindung durch die Knöllchenbakterien ist keine Stickstoffdüngung notwendig. Ein überhöhtes Stickstoffangebot kann zu Lagerung, verstärkter Krankheitsanfälligkeit und Abreifeverzögerung führen.

Durch eine hohe Phosphat- und Kaliversorgung wird die Aktivität der stickstoffbindenden Knöllchenbakterien gefördert. Bei der Kalidüngung ist auf die Chloridempfindlichkeit der Leguminosen zu achten. Im Herbst können chloridhaltige Düngemittel eingesetzt werden, im Frühjahr sind hingegen chloridfreie bzw. chloridarme Düngemittel zu bevorzugen, vor allem dann, wenn aufgrund einer Unterversorgung des Bodens höhere, über den Entzug hinausgehende Düngemengen verabreicht werden. Ebenso ist eine ausreichende Schwefelversorgung notwendig.

Leguminosen weisen einen mittleren Borbedarf auf; eine Borspritzung zu Blühbeginn ist auf schlecht versorgten Böden anzuraten. Die Höhe der Phosphat- und Kalidüngung soll sich nach dem Bodenvorrat richten.

BEREGNUNG

Eine ausreichende Wasserversorgung in der Blüte und danach zum Hülsenansatz ist für sichere Erträge notwendig. Es kann daher unter trockenen Bedingungen auf leichten Böden sinnvoll sein, die Wasserversorgung durch Beregnung (ca. 30 bis 40 mm) sicherzustellen. Die Wirtschaftlichkeit einer solchen Maßnahme ist aber im Einzelfall zu überprüfen.

Ertragslage [t/ha]	N*) [kg/ha]	P_2O_5**) [kg/ha]	K_2O**) [kg/ha]
< 2,0	0	60	90
2,0–3,0	0	65	100
> 3,0	0	75	120

Tabelle 13: Düngeempfehlung in Abhängigkeit der Ertragslage in Anlehnung an „Richtlinien für die sachgerechte Düngung", 7. Auflage (BMLFUW, 2017):

*) Bei Verwendung von nicht beimpftem Saatgut, bei mangelndem Knöllchenbesatz oder bei erstmaligem Anbau ist eine N-Düngung bis 60 kg/ha zulässig.

**) Bei Versorgungsstufe C

© sima/Shutterstock.com

Eine ausreichende Wasserversorgung in der Blüte und danach zum Hülsenansatz ist für sichere Erträge notwendig.

ERNTE

Die Ernte der **Körnererbse** erfolgt bei einer Feuchtigkeit von 14 bis 15 % Wassergehalt. Dies entspricht dem Zeitraum von Mitte bis Ende Juli. Eine geringere Erntefeuchte sollte vermieden werden, um den Bruchkornanteil niedrig zu halten. Bei der Mähdreschereinstellung ist auf eine niedrige Trommeldrehzahl (450 bis 700 U/min) und einen weitgestellten Korb zu achten. Teleskopährenheber oder Schneidwerke mit flexiblem Messerbalken erleichtern bei stark lagernden Beständen die Ernte. Für eine längere Lagerdauer muss die Kornfeuchtigkeit auf unter 13 % abgesenkt werden.

© Lost Mountain Studio/Shutterstock.com

Erntereife Erbsenkultur.

WINTERERBSE

Neben den Sommerformen gibt es auch winterharte Erbsen, die im Oktober angebaut werden. Diese Sorten sind keine typischen winterannuellen Formen, sondern Sommerformen mit einer sehr guten Frosttoleranz. Ein Vorteil der Wintererbsen ist, dass sie die Winterfeuchtigkeit besser nutzen können, weil sie eine längere Vegetationsperiode haben und früher reif sind. Als vorteilhaft hat sich herausgestellt, dass durch die schnellere Entwicklung im Frühjahr die Schäden durch die Nanoviren geringer sind als bei Sommerformen. Auch gegenüber Erbsenwickler ist die frühere Blüte der Wintererbsen ein Vorteil.

Da die Wintererbsen eher dem Blatttyp entsprechen, ist die Standfestigkeit geringer. Durch den Mischanbau mit Getreide als Stützfrucht lässt sich dieser Nachteil kompensieren. Bei dieser Mischung wird entweder die Grünmasse genutzt oder auch die Körner.

Anderen Sorten fehlt eine ausreichende Winterhärte oder sie sind im Kornertrag schwächer als Sommererbsen. Daher arbeitet die Züchtung daran, Sorten zu finden, die alle diese drei wichtigen Eigenschaften – Winterhärte, Standfestigkeit und Ertrag – aufweisen.

Wintererbsen-Pflanzen im zeitigen Frühjahr.

Reifeunterschied zwischen Sommer- (links) und Wintererbsen (rechts), Aufnahme vom 8. Juni.

KÖRNERERBSE: FRAGEN FÜR DIE PRÜFUNGSVORBEREITUNG

1. Nennen Sie die botanischen Namen der Körnererbse und der Futtererbse.
2. Beschreiben Sie die Körnererbsenpflanze.
3. Welche Wuchstypen werden im Ackerbau eingesetzt?
4. Beschreiben Sie die wichtigsten Kulturabschnitte der Körnererbse.
5. Wie erfolgt die Befruchtung?
6. Welche Ansprüche stellt die Körnererbse an den Standort?
7. Wie wird die Körnererbse in der Fruchtfolge berücksichtigt?
8. Wie wirkt sich die Vorfrucht Körnererbse auf nachfolgende Kulturen aus?
9. Welche Vorfrüchte sind für die Körnererbse von Vorteil?
10. Beschreiben Sie die Impfung/Inokulation bei der Körnererbsenkultur.
11. Welche Bodenvorbereitungsmaßnahmen sind vor dem Anbau durchzuführen?
12. Was gibt es bezüglich Saatzeit zu beachten?
13. Wie berechnet sich die Saatstärke bei Körnererbsen?
14. Welche Saattiefe ist empfehlenswert?
15. Was ist bei der Aussaat auf unebenen, steinigen und klutigen Böden zu beachten?
16. Beschreiben Sie die Methoden der mechanischen Unkrautbekämpfung bei der Körnererbsenkultur.
17. Wann kommt chemische Unkrautbekämpfung zur Anwendung und wie wird sie durchgeführt?
18. Nennen Sie 5 Schädlinge oder Krankheiten der Körnererbse und beschreiben Sie deren Schadbilder.
19. Wie lässt sich einer Infektion durch Nanoviren vorbeugen?
20. Beschreiben Sie die Düngemaßnahmen bei der Körnererbsenkultur.
21. Wann bzw. warum erfolgt eine Beregnung?
22. Was ist bei der Ernte zu beachten?
23. Wie unterscheidet sich die Wintererbse von den Sommerformen?

Lebenszyklus der Körnererbse.

LUPINE

© Hein Nouwens/Shutterstock.com

Lupinen zählen zur Gattung der Schmetterlingsblütler und kommen als Wildformen in vielen Regionen der Erde vor. Im Mittelmeerraum treten sie seit über 2000 Jahren auf. Es gibt in etwa 450 Lupinenarten. Große Anbauregionen finden sich in Weißrussland, Russland und der Ukraine.

Sie werden auch als die Sojabohnen des Nordens bezeichnet. Gute Standorte für einen Anbau sind dort, wo auch die Wildlupine zu finden ist, wie z. B. im Mühlviertel und im Waldviertel.

Lupinen sind Hülsenfrüchte und zeichnen sich durch hohe Eiweißgehalte im Korn und in der Grünmasse aus. Demzufolge sind sie zur Körnernutzung als auch zur Produktion von eiweißreichem Grünfutter zu verwenden.

Ein weiterer Vorteil der Lupine ist ihre günstige Proteinzusammensetzung. Der Bitterstoffgehalt (Alkaloide) sollte in der Tier- bzw. in der Humanernährung nicht über 0,02 liegen. Von bitterstoffarmen Lupinen („Süßlupinen") spricht man bei einem Alkaloidgehalt von weniger als 0,05 % im Korn. Aufgrund von Rückmutationen können immer wieder vereinzelt bitterstoffreiche Pflanzen entstehen, daher ist von einem Nachbau von eigenem Saatgut dringend abzuraten.

Forschungsarbeiten zur Verringerung der Alkaloidgehalte gehen auf Erwin Baur (1875–1933) zurück. Er entdeckte im Jahr 1927 die erste alkaloidarme Gelbe Lupine. Als Alternative zu Fleisch sind mittlerweile zahlreiche Produkte auf Lupinenbasis im Lebensmittelbereich zu erwerben. Mit einem speziellen Röstverfahren kann auch koffeinfreier Kaffee produziert werden. Lupinen können auch als Tofuersatz dienen.

Wird die Lupine in der Tierfütterung verwendet, muss sie nicht getoastet werden. Im Gegensatz zu Soja, hier ist eine Hitzebehandlung zur Inaktivierung der Trypsininhibitoren notwendig.

In der Praxis werden drei Arten als landwirtschaftliche Kulturen angebaut: Schmalblättrige oder auch Blaue Lupine *(Lupinus angustifolius)*, die Weiße Lupine *(Lupinus albus)* und die Gelbe Lupine *(Lupinus luteus)*. Wobei die Blaue Lupine nicht immer blau blüht, sondern sie kann auch reinweiß oder rosa blühen.

© LK OÖ/Marion Gerstl

Lupinenweide für Hummeln.

Aufgrund des hohen Proteingehalts (36 bis 48 %) zählen Lupinen zu den bedeutendsten Eiweißlieferanten, zudem sind sie garantiert GVO-frei. Lupinen enthalten zudem Vitamin B_{12}, sämtliche essenzielle Aminosäuren, Lecithin, Kalzium und Magnesium.

Der Anbau von Lupinen als Ackerkultur in Österreich betrug im Jahr 2015 160 ha und im Jahr 2019 240 ha.

KULTURFÜHRUNG

Standortansprüche

Als Standort eignen sich Sande und schwach lehmige Sande mit pH-Werten zwischen 4,0 bis 6,8. Höhere pH-Werte führen zu Kalkchlorose (Vergilben der jüngsten Blätter). Eine etwaig notwendige Kalkung sollte daher unbedingt erst nach der Ernte erfolgen. Die Gelbe Lupine hat die geringsten Ansprüche und kann bei pH-Werten zwischen 4,6 und 6,0 angebaut werden. Bei der Blauen Lupine sollte der pH-Wert zwischen 5,0 und 6,5 liegen. Die höchsten Bodenansprüche hat die Weiße Lupine.

Aufgrund der Proteoidwurzeln ist vor allem die Weiße Lupine in der Lage, gebunden Phosphor aktiv aus dem Boden zu lösen. Die Verfügbarkeit von Phosphor kann um bis zu 20 % gesteigert werden. Lupinen können im Durchschnitt bis zu 150 kg/ha Luftstickstoff binden. Wovon 20 bis 120 kg/ha für die Nachfrucht wieder verfügbar sind.

Aufgrund ihrer Pfahlwurzel ist sie ideal, um Verdichtungen aufzubrechen. Lupinen fördern die Struktur des Bodens, daher eignet sich diese Pflanze auch sehr gut für den Zwischenfruchtanbau.

Sorten

Bei der Lupine gibt es endständige = determinierte und verzweigte Typen. Endständige sind für Lagen mit kürzerer Vegetationszeit und verzweigte Typen für Lagen mit längerer Vegetationszeit geeignet. Verzweigte Typen bringen mehr Ertrag als endständige, wobei die endständigen Sorten gleichmäßiger abreifen.

In folgender Tabelle (s. nächste Seite) sind die Charakteristiken der einzelnen Lupinenarten zusammengefasst.

Folgende Sorten sind unter anderem am Markt bei diversen Saatgutfirmen erhältlich:

'Boregine', 'Mirabior', 'Probor' und 'Tango'. Bei diesen Sorten handelt es sich um verzweigte Typen. 'Boruta' und 'Sonet' sind endständige Typen. All diese Sorten sind Blaue Süßlupinen.

Die Sorte 'Mister' gehört zu den Gelben Lupinen. 'Nelly', 'Celina' und 'Energy' zählen zu den Weißen Lupinen.

Weiterhin ist noch die Andenlupine *(Lupinus mutabilis)* zu erwähnen, die auf Hochlandflächen der Anden vom Äquator bis nach Bolivien angebaut wird. Die ursprünglich von Indianern, aber auch bis in jüngste Vergangenheit noch verwendeten einheimischen Sorten waren bzw. sind sehr alkaloidreich und hochgiftig. Solche Sorten müssen vor der Verwendung zur Entgiftung mit kaltem Wasser ausgelaugt werden. Im Rahmen eines Zuchtprogramms werden alkaloidarme Sorten der Andenlupinen gezüchtet, die sich auch für die Humanernährung eignen.

Sortenversuch mit Lupinen.

	Gelbe Lupine *Lupinus luteus*	Blaue Lupine *Lupinus angustifolius*	Weiße Lupine *Lupinus albus*
Spross	80–100 cm	50–100 cm	50–120 cm
Blätter	Fingerförmig mit 5–9 Blättchen	Fingerförmig mit 5–9 Blättchen, schmal-lineal	Fingerförmig mit 5–7 Blättchen, verkehrt, eiförmig
Hülsen	5–6 cm lang	5–7 cm lang	6–11 cm lang
Vegetationszeit	135–150 Tage	120–150 Tage	140–175 Tage
pH-Wert Boden	4,6–6,0	5,0–6,5	5,5–6,8
Bodenansprüche	Gering	Mittel	Hoch
Ertragspotenzial	1,5–2,5 t/ha	2,0–4,5 t/ha	2,0–6,0 t/ha
Frostverträglichkeit	-4 °C	-8 °C	-4 °C
Bestandesdichte	70–80 Pfl./m²	70–80 Pfl./m² bei verzweigten Sorten 100 Pfl./m² bei endständigen Sorten	60–70 Pfl./m²
Stickstoffbindung durch Knöllchen (kg/ha/Jahr)	160–250	160–300	160–350
Tausendkorngewicht	110–150	150–190	340–520
Saatgutbedarf (kg/ha) bei Reinsaat	85–120	120–150	200–310

Tabelle 14: Charakteristik der landwirtschaftlich genutzten Lupinenarten

'Boregine' mit 4 und mit 5 Körnern.

Sortenversuch 'Probor' (links), 'Mirabor' (rechts).

'Probor', eine endständige blaue Süßlupine.

Impfung/Inokulation

Das für die Stickstoffbindung verantwortliche Bakterium ist das *Bradyrhizobium lupine,* welches üblicherweise nicht in ausreichender Menge im Boden vorhanden ist. Diese Bakterien sind auch noch auf Serradella zu finden. Um eine gute Knöllchenausbildung zu gewährleisen, muss der Boden locker und gut durchlüftet sein. Wurden innerhalb der letzten zehn Jahre auf dem Standort keine Lupinen bzw. Serradella angebaut, muss die Lupine beimpft werden. Eine Impfung bringt bis zu 30 % Mehrerträge. Gängige Präparate sind „HiStick" auf Torfbasis, bzw. „Radicin" ist ein flüssiges Präparat, auch andere Produkte sind am Markt erhältlich. Nach der Impfung muss unmittelbar die Aussaat erfolgen und das beimpfte Saatgut muss vor UV-Strahlung geschützt werden. Die Aufbewahrung des Impfmittels darf nicht unter 2 °C und nicht über 15 °C erfolgen.

Links 'Tango', eine Blaue Lupine; rechts 'Mister', eine Gelbe Lupine als Hackkulturen auf 45 cm Reihenabstand.

© LK OÖ/Marion Gerstl

Impfung mit „HiStick“ auf Torfbasis.

Fruchtfolge

Alle drei Lupinenarten sind mit sich selbst unverträglich, daher müssen Anbaupausen von fünf bis sechs Jahren eingehalten werden. Geeignete Vorfrüchte sind Stickstoffzehrer, es soll möglichst wenig Stickstoff im Boden vor dem Anbau von Lupinen vorhanden sein, damit die Knöllchenbakterien zur Bindung von Luftstickstoff angereizt werden. Als Vorfrüchte eignen sich Getreide, Mais, Lein oder Hanf. Wobei Mais bzw. auch die Kartoffel den Druck von Rhizoctonia erhöhen. Eine günstige Folgefrucht ist Wintergetreide. Sollte Mais als Folgefrucht angebaut werden, dann nur nach einer Zwischenfrucht, welche den Stickstoff im Boden bindet und somit die Nitrat auswaschung verhindert. Von einer Schwarzbrache ist nach Lupinen abzuraten. In Fruchtfolgen mit Raps, Soja und Sonnenblumen muss eine Anbaupause von fünf Jahren aufgrund der Sklerotina eingehalten werden.

Lupinen haben mit einer Nachlieferung von 20 bis 60 kg N/ha einen guten Vorfruchtwert.

Bodenvorbereitung und Anbau

Aufgrund der recht langsamen Jugendentwicklung entscheidet die Unkrautregulierung über den Anbauerfolg. Weißer Gänsefuß, Ackerwinde, Distel, Kamille und Hederich konkurrieren mit der Lupine um Wasser und Nährstoffe. Des Weiteren kann eine Spätverunkrautung zur Ernte Probleme verursachen. Entscheidend ist eine indirekte Vorsorge beim Unkrautmanagement durch Auswahl des Standorts, Beachtung der Fruchtfolge, Sortenwahl. Entsprechende Technik für eine Beikrautbekämpfung am Betrieb.

Bei bestehenden Problemen mit Wurzelunkräutern sollte die Bodenvorbereitung bereits im Herbst mit einer seichten Pflugfurche beginnen, ansonsten reicht eine nicht wendende Bodenbearbeitung aus. Bei der nicht wendenden Bodenbearbeitung wird durch den Verbleib des Strohs von der Vorfrucht die Unkrautunterdrückung unterstützt. Zum Aussaatzeitpunkt sollte der Strohbedeckungsgrad jedoch maximal bei 40 % liegen. Mit der nicht wendenden Bodenbearbeitung entsteht ein gut durchlüfteter Boden mit einer besseren Wasserinfiltration. Die Mulchschicht schützt vor Erosion, Verschlämmung und Austrocknung.

Der Anbau sollte so früh wie möglich erfolgen, denn kühle Temperaturen fördern die Bewurzelung und der Bestand erreicht schneller eine Blüte. Die Aussaat sollte von Mitte März bis Mitte April erfolgen. Die Minimumtemperatur für die Keimung lieg zwischen +3 und +4 °C. Frühe Saaten liefern höhere Kornerträge, spätere Saaten liefern mehr Grünmasse und weniger Kornerträge. Verzögerte Aussaaten verursachen eine Zunahme der vegetativen Organe und eine signifikante Reduktion des Samengewichts.

Die Saatbettbereitung muss an der Oberfläche 2 bis 3 cm feinschollig bis krümelig gelockert sein, gleichzeitig müssen die unteren Schichten einen kompakten Bodenschluss haben. Eine Mulchsaat sollte mit Schneidscheiben durchgeführt werden, die scharfe und stabile Saatrillen bilden.

Die Saat erfolgt auf einer Tiefe zwischen 2 und 3 cm. Sie kann in Drill- bzw. Einzelkornsaat erfolgen. **Eine Impfung mit dem richtigen Rhizobienstamm ist vor dem Anbau der Lupine unbedingt erforderlich**, den Impfstoff (flüssig oder auf Torfbasis) soll man bei der Bestellung des Saatguts mitbestellen. Um die Rhizobien zu erhalten, ist ein unmittelbarer Anbau nach der Impfung notwendig. Die Lupine kann in Drillsaat mit einer Reihenweite von 12,5 cm angebaut werden, aber auch breitere Abstände und die Führung als Hackfrucht ist möglich.

$$\text{Aussaatmenge: (kg/ha):} \quad \frac{\text{TKG} \times \text{angestrebte Pflanzenzahl je m}^2}{\text{Keimfähigkeit in \%}}$$

Aufgrund des oft sehr unterschiedlichen Tausendkorngewichts variieren die Saatstärken sehr stark, von 150 kg/ha bis mehr als 300 kg/ha.

Weiterhin ist ein Anbau im Gemenge mit Sommerroggen, Leindotter, Hafer oder Erbsen möglich.

Unkrautbekämpfung

Mechanische Unkrautbekämpfung

Nach der Saatbettbereitung muss bis kurz vor dem Auflaufen blind gestriegelt werden – dies geht, solange der Keimling bis maximal 1 cm unter der Bodenoberfläche liegt, dann soll die Pflanze erst wieder ab einer Wuchshöhe von 4 cm bzw. im 4- bis 5-Blatt-Stadium bis hin zum Reihenschluss gestriegelt werden.

Neben dem klassischen Zinkenstriegel eignet sich der Rollstriegel besonders für Mulchsaatflächen, da er mit organischem Mulchmaterial besser zurechtkommt.

Um Schädigungen an den Pflanzen zu vermeiden, müssen diese Maßnahmen bei trockenem Wetter und primär nachmittags, wenn der Wasserdruck in den Pflanzen niedrig ist, durchgeführt werden. Zudem kann die Lupine bei weiteren Reihenabständen auch als Hackfrucht geführt werden, wobei hier die Reihenabstände abhängig vom Hackgerät auszuwählen sind. Lupine mit Getreideabstand (12,5 cm) ist der Hackkultur, aufgrund der besseren Unkrautunterdrückung, vorzuziehen.

Chemische Maßnahmen

Chemische Pflanzenschutzmaßnahmen sind im integrierten Landbau möglich, jedoch hält sich die Auswahl an Mitteln, vor allem im Nachauflauf, in Grenzen.

SCHÄDLINGE

Wild- und Vogelfraß

In naturnahen Gebieten sind Lupinen einem hohen Risiko von Wild- und Vogelfraß ausgesetzt. Die empfindlichste Phase dauert von der Aussaat bis zum Ausbilden der ersten Laubblätter. Vorbeugende Maßnahmen sind das Aufstellen von Sitzrücken für Greifvögel. Zudem gibt es die Möglichkeit, zugelassene Vegrämungsmittel anzuwenden. Eine weitere erprobte Möglichkeit ist der Einsatz von Drachen, die an einem langen Aluminiumstab ständig in der Luft schweben.

Abdrehprobe vor dem Anbau von Lupinen.

Blindstriegeln mit einem Zinkenstriegel.

Beobachtungen in der Praxis zeigen, dass der Wildschaden mit der Schlaggröße abnimmt, der Anbau in Waldnähe sollte vermieden werden.

Großer Lupinenrüssler *(Charagmus gressorius)*, Grauer Blattrandkäfer

Sobald die Lupine aufläuft, kommt es an den Blättern zu halbkreisförmigen Fraßstellen („Briefmarkenrand"), die durch die Käfer verursacht werden. Dieser Blattfraß ist zu vernachlässigen, denn die Lupinen werden vor allem durch den Fraß der Larven an den Knöllchen geschädigt, in Folge kann es zur Ertragsreduktion von 30 bis 60 % kommen. Die Pflanzen binden weniger Luftstickstoff, die angefressenen Knöllchen sind mögliche Eintrittspforten für pilzliche Schaderreger. Betroffen sind in erster Linie die Blaue und die Weiße Lupine. Eine Bekämpfung der Käfer ist nur zwischen dem Keimblattstadium und dem 6-Blatt-Stadium möglich.

Vorbeugende Maßnahmen sind die Förderung von Fraßfeinden wie Laufkäfern und Spinnen durch die Anlage und Pflege von Saumstrukturen.

Lupinenlaus *(Macrosiphum albifrons)*

Diese wurde aus Nordamerika eingeschleppt und breitet sich zunehmend in Europa aus. Befällt zuerst Bitterlupinen und weicht innerhalb der Süßlupinen zuerst auf die Weiße Lupine aus. Sie ist auffällig groß, 4 bis 5 mm, grün und mit einem weißen, wachsartigen Überzug bedeckt.

Sie hat unter günstigen Bedingungen ein sehr gutes Vermehrungspotenzial, und erwachsene Tiere überleben Temperaturen von −15 °C über 14 Tage. An den Lupinen kommt es zu Saugschäden; diese bleiben im Wuchs zurück und die jungen Blätter kräuseln sich ein. Durch die Anreicherung von den Alkaloiden aus der Pflanze in der Blattlaus kann diese Art einen natürlichen Fraßschutz gegenüber Nützlingen erwerben. Auch die Schwarze Bohnenlaus bzw. die Erbsenblattlaus können in Beständen von Lupine vorkommen.

KRANKHEITEN

Brennfleckenkrankheit, Anthraknose *(Colletotrichum lupini)*

Sie gilt als die gefährlichste Krankheit der Lupinen. Die ersten Daten über das Vorkommen dieses Pilzes stammen aus den USA (1939). In den 1970er-Jahren trat die Krankheit in Südamerika und Europa auf. Ursprünglich stammt der Pilz aus subtropischen Gebieten und liebt feuchte, niederschlagsreiche Bedingungen.

Die Verbreitung des Pilzes erfolgt über das Saatgut, er befindet sich im Sameninneren oder er haftet an der Samenschale an. Am Saatgut sind aber keine typischen Symptome zu erkennen, auch gesund aussehende Körner können infiziert sein. Ebenso ist eine Übertragung des Pilzes durch Maschinen (Drillmaschine, Mähdrescher usw.) möglich.

Es kommt zu Auflaufverzögerungen, junge Pflanzen verdrehen sich, die Blattstiele knicken ab und die Blätter werden welk. An den Stängeln und Hülsen bilden sich eingesunkene Flecken mit orangem Zentrum und braunem Rand, was typisch für die Brennflecken ist.

Im Verlauf kommt es zu Zwergwuchs, Stängelkrümmungen und Triebverdrehungen. Der Pilz kann von den infizierten Pflanzen bei günstigen Bedingungen, z. B. feuchtwarme Witterung, über Regentropfen oder Wind weiterwandern und den umliegenden Bestand infizieren. Die Gelbe Lupine reagiert am empfindlichsten, am widerstandsfähigsten sind die Blauen und Weißen Lupinen.

Da eine Übertragung durch das Saatgut erfolgt, ist die Anwendung von zertifiziertem Saatgut unabdingbar! Bei der Verwendung von Nachbausaatgut muss eine Saatgutkontrolle auf Anthraknose erfolgen.

Lupinenwelke *(Fusarium oxysprum)*

Ist eine der bedeutendsten Fruchtfolgekrankheiten bei Lupine. Der Pilz ist samenbürtig, kann aber auch Pflanzen über das Wurzelsystem und über Verletzungen infizieren. Die Verbreitung der Sporen erfolgt über Wind, Wasser und infizierte Pflanzen.

Im Schadbild zeigen sich ab Ende Juni welke und rot gefärbte Blätter. Die Wurzel bleibt intakt; schneidet man den Stängel durch, lassen sich braune Verfärbungen der Gefäße erkennen. Die rosa Sporen bilden sich auf den Stängelteilen. Eine warme Witterung fördert diese Krankheit. Vorbeugend kann gesundes Saatgut Infektionen verhindern. Ebenso ist die Einhaltung von Anbaupausen notwendig, um das Sporenpotenzial im Boden zu verringern.

Sklerotinia *(Sclerotinia sclerotiorum)*

Diese Pilzerkrankung kann von verschiedensten Wirtspflanzen wie Raps, Leguminosen, Sonnenblumen oder Kartoffeln ausgehen. Sklerotien können bis zu 15 Jahre im Boden überleben. Für eine Infektion sind hohe Temperaturen und eine über mehrere Stunden erhöhte Luftfeuchtigkeit während der Blüte nötig. Die Pflanzen haben eine stängelumfassende helle Verfärbung, oberhalb von dieser vergilben die Pflanzenteile und sterben ab. Im Inneren des Stängels findet man ein weißliches bis flockiges Myzel und kurz darauf schwarze Dauerkörper. Die Pflanzen fallen um und richten sich auch wieder auf.

Rhizoctonia *(Rhizoctonia solani)*

Wirtspflanzen der *Rhizoctonia* sind Mais, Kartoffel, Zuckerrübe, Ackerbohne und Sojabohne. Der Pilz verursacht ein Absterben der Keimlinge und Jungpflanzen. Eine Infektion entsteht durch mechanische Verletzungen der Pflanzen und feuchtkühle Witterung. Er kann aber auch unversehrte Pflanzen infizieren. Die erste Infektion zeigt sich durch fehlende Pflanzen beim Auflaufen. Eine spätere Infektion führt zum Umkippen der Pflanzen. An der Stängelbasis zeigen sich ovale dunkelbraune Nekrosen, auch ein Aufhellen der Blätter ist möglich. Eine Vorbeugung ist durch die Verwendung von gesundem Saatgut sowie eine termingerechte Aussaat und ein gutes Saatbett mit einer perfekten Bodenstruktur möglich.

Lupinen sind erntereif, wenn beim Schütteln der Hülsen ein Rascheln zu hören ist.

DÜNGUNG

Auf gut versorgten Böden kann eine Düngung gänzlich entfallen, auf schlecht versorgten Böden kann eine Düngung von 60 bis 80 kg P_2O_5 und 120 bis 180 kg K_2O empfehlenswert sein.

Eine Stickstoffdüngung ist gänzlich zu unterlassen, wenn die *Rhizobium*-Impfung erfolgreich war. Eine Düngung zwischen 10 bis 30 kg S/ha ist zu Vegetationsbeginn empfehlenswert.

ERNTE

Die Lupinen sind erntereif, sobald man beim Schütteln der Hülsen ein Rascheln hört. Reife Lupinen werfen die Blätter ab. Die Ernte erfolgt je nach Art zwischen Ende Juli bis Anfang September.

Die optimale Erntefeuchte der Körner liegt zwischen 13 bis 16 %. Um Platzverluste zu vermeiden, hat sich der Drusch bei trockenem Erntewetter auch in den Nacht- und Vormittagsstunden bewährt.

Einstellung des Mähdreschers

Einstellung der Dreschtrommel auf einer Trommeldrehzahl von 500 bis 600 U/min; der Dreschkorb sollte möglichst weit geöffnet werden und die Einstellung des Windes muss auf hohe Leistung abzielen, um eine schnelle Abtrennung vom Stroh zu erreichen.

LUPINE: FRAGEN FÜR DIE PRÜFUNGSVORBEREITUNG

1. Nennen Sie die botanischen Namen der Blauen, Weißen und Gelben Lupine.
2. Beschreiben Sie die Lupinenarten und gehen Sie auf die Unterschiede im Erscheinungsbild ein.
3. Worin bestehen die ernährungsphysiologischen Vorzüge der Lupine?
4. Welche Ansprüche stellt die Lupine an den Standort?
5. Welche Sortentypen werden angebaut?
6. Beschreiben Sie die Impfung/Inokulation bei der Lupinenkultur.
7. Wie wird die Lupine in der Fruchtfolge berücksichtigt?
8. Wie wirkt sich die Vorfrucht Lupine auf nachfolgende Kulturen aus?
9. Welche Vorfrüchte sind für die Lupine von Vorteil?
10. Welche Bodenvorbereitungsmaßnahmen sind vor dem Anbau durchzuführen?
11. Was gibt es bezüglich Saatzeit zu beachten?
12. Welche Saattiefe ist empfehlenswert?
    Wie berechnet sich die Saatstärke?
13. Welche Saatmethoden kommen zur Anwendung?
14. Beschreiben Sie die Methoden der mechanischen Unkrautbekämpfung bei der Lupinenkultur.
15. Wann kommt chemische Unkrautbekämpfung zur Anwendung und wie wird sie durchgeführt?
16. Nennen Sie 5 Schädlinge oder Krankheiten der Lupine und beschreiben Sie deren Schadbilder.
17. Beschreiben Sie die Düngemaßnahmen bei der Lupinenkultur.
18. Was ist bei der Ernte zu beachten?
19. Welche Einstellungen sind am Mähdrescher vorzunehmen?

Lebenszyklus der Weißen Lupine.

© Wanda Pelin Canila/Shutterstock.com

LUZERNE
DIE „KÖNIGIN DER FUTTERPFLANZEN"

Die Luzerne *(Medicago sativa)* ist weltweit die älteste Futterleguminose. Sie wurde schon um 470 v. Chr. in Asien als Pferdefutter angebaut. Von Griechenland breitete sie sich schließlich über die ganze Welt aus und gilt heute als wichtigste Futterleguminose. In Österreich wurde die Luzerne 2018 auf 13.309 ha angebaut.

Die Luzerne bildet ein sehr tief gehendes Wurzelwerk aus (4 bis 6 m) und hat somit bei starker Trockenheit einen entscheidenden Vorteil gegenüber anderen Futterleguminosen bei der Suche nach Wasser. Durch ihre hohe Ertragsleistung und ihren Eiweißgehalten produziert die Luzerne pro Flächeneinheit die größte Eiweißmenge aller Kulturpflanzen. Nicht umsonst wird die Luzerne daher auch als „Königin der Futterpflanzen" bezeichnet.

Als Futterpflanze wird die Luzerne sowohl in der Milchviehhaltung als auch in der Rindermast, Kleinwiederkäuerhaltung und Pferdehaltung eingesetzt. In einer Ackerfruchtfolge bringt die Luzerne speziell auf Trockenstandorten mit gut durchlässigen Böden als tief wurzelnde Leguminose viele pflanzenbauliche Vorteile mit sich und eignet sich zudem als Bienenweide.

© LK OÖ/Rudlstorfer

Die Luzerne ist weltweit gesehen die wichtigste Futterleguminose.

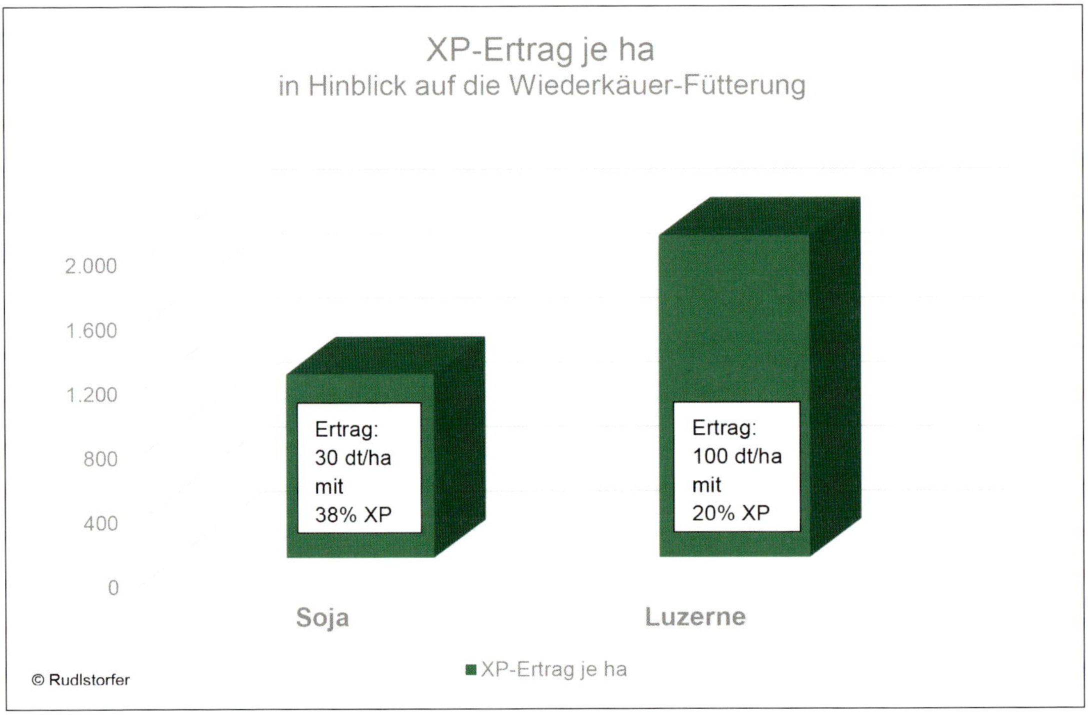

LUZERNEANBAU IN ÖSTERREICH

In Österreich hat der Anbau von Luzerne sowohl als Reinsaat als auch in Mischungen mit Futtergräsern ihre Bedeutung.

In Reinsaat ist die Luzerne speziell in den trockenen Gebieten im Osten und Nordosten von Österreich anzutreffen. Im Jahr 2018 betrug die Luzerneanbaufläche in Österreich 13.309 ha, davon entfallen rund 70 % auf das Bundesland Niederösterreich.

In Gebieten mit höheren Niederschlägen werden Kleegrasmischungen bevorzugt. Als immer noch beliebteste Leguminose in solchen Mischungen gilt der Rotklee. Durch die in den letzten Jahren zunehmenden Trockenperioden gewinnt die Luzerne als Mischungspartner jedoch sehr stark an Bedeutung.

© lunamarina/Shutterstock.com

Pellets aus getrockneter Luzerne als Pferdefutter.

Ackerflächen 2018: Feldfutterbau - Luzerne nach Gemeinden

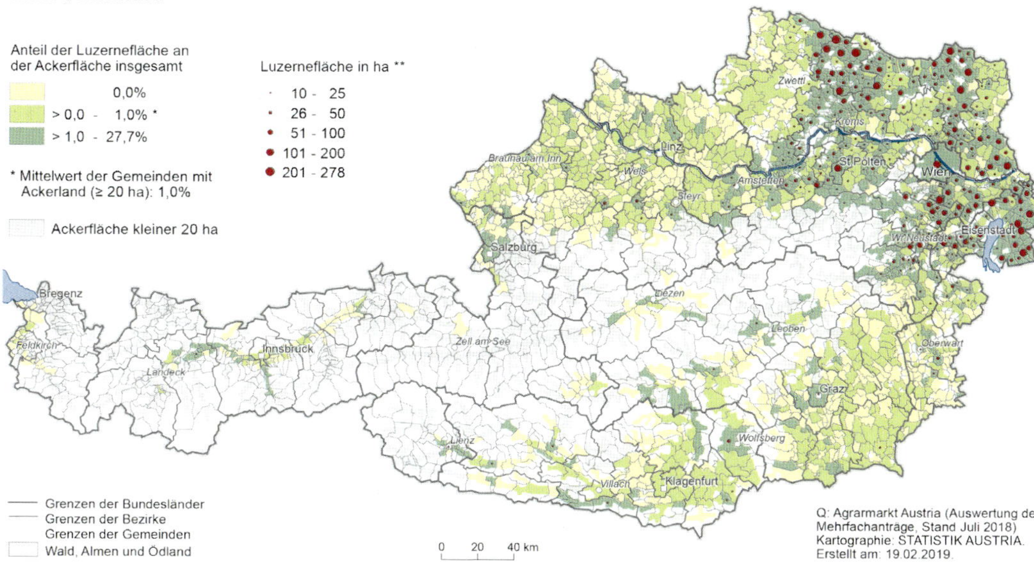

** Für die Kartenserie Ackerflächen 2018 wurden einheitliche Klassengrößen verwendet. Gemeinden mit Ackerflächen unter 20 ha bleiben unberücksichtigt.

Ackerflächen 2018: Feldfutterbau - Rotklee und andere Kleearten nach Gemeinden

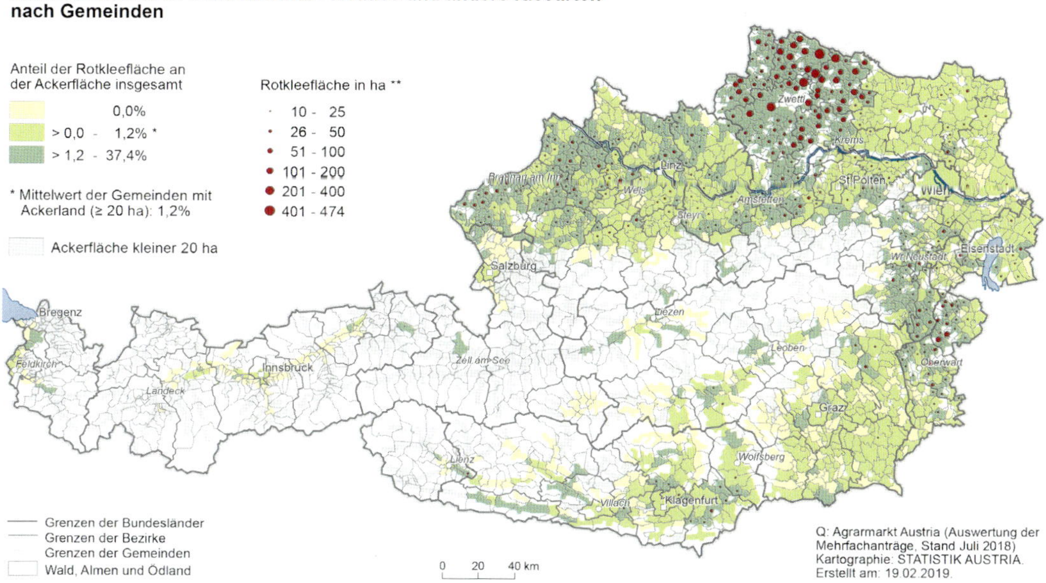

** Für die Kartenserie Ackerflächen 2018 wurden einheitliche Klassengrößen verwendet. Gemeinden mit Ackerflächen unter 20 ha bleiben unberücksichtigt.

LUZERNE – GUT FÜR DEN BODEN

Als symbiotischer Stickstoffsammler verbessert die Luzerne mit Wurzelrückständen von etwa 5 t Trockenmasse je ha die Stickstoff- und Humusbilanz der Böden und bindet über die Knöllchenbakterien bis zu 250 kg Luftstickstoff je ha und Jahr. In einem dreijährigen Forschungsprojekt der Höheren Bundeslehr- und Forschungsanstalt Raumberg-Gumpenstein wurde bei der Luzerne im Vergleich zu Rotklee, Weißklee und einer Standardkleegrasmischung die höchste N_2-Fixierleistung gemessen.

Durch ihre intensive Bewurzelung lockert und verbessert die Luzerne den Boden. Ein weiterer großer Pluspunkt für die Luzerne ist ihre phytosanitäre Wirkung gegen Rübennematoden und Getreidefußkrankheiten.

IN REINSAAT ODER ALS MISCHKULTUR?

In Trockengebieten wird die Luzerne meist in Reinsaat angebaut. Durch ihr ausgeprägtes, tief reichendes Wurzelsystem gelangt die Luzerne noch an Wasser, wo andere Mischungspartner – meist Gräser – schon längst unter der Trockenheit leiden würden.

In Regionen mit regelmäßigeren Niederschlägen (> 700 mm Jahresniederschlag) lösen Luzernegrasmischungen die Reinsaaten zunehmend ab. Soweit die Luzerne gute Wachstumsbedingungen vorfindet, bleibt sie in solchen Mischungen grundsätzlich die ertragsbildende Pflanze. Ist sie allerdings in ihrem Wachstum gehemmt – z. B. bei dichterem Boden, in Jahren mit stärkeren Niederschlägen oder bei längerer Nutzung ab dem 3.–4. Jahr –, sichern die Gräser den Ertrag der Feldfuttermischung ab. Zudem sind Luzernegrasmischungen leichter silierbar (höherer Zuckeranteil durch die Gräser), haben im Fall einer Heuwerbung geringere Bröckelverluste und neigen aufgrund eines etwas dichteren Bestandes weniger zur Verunkrautung. Passende Mischungspartner für Luzerne sind Knaulgras, Timothe und Englisches Raigras.

Im Handel sind auch Luzerne-Rotkleegras-Mischungen erhältlich, die auch als „Schrittmachergemenge" bekannt sind. Heute durch Knöllchenbakterien-Impfstoffe an Bedeutung verloren, lag der ursprüngliche Sinn dieser Mischungen darin, den Boden „schrittweise" auf den Luzerneanbau vorzubereiten.

In Regionen mit höherer Niederschlagsversorgung sind Luzernegrasmischungen den Luzernereinsaaten vorzuziehen.

KULTURFÜHRUNG

Boden- und Klimaansprüche

Die Luzerne benötigt tiefgründige, durchlässige und somit schnell erwärmbare Böden ohne Verdichtungen. Auf Pflugsohlen reagiert die Luzerne negativ. Staunasse, sauerstoffarme, nasskalte und spätfrostgefährdete Standorte scheiden für den Luzerneanbau eher aus. Auf diesen Standorten hat nur der Rotklee als Leguminose eine Chance. Das Sprichwort „Luzerne will einen warmen Kopf und einen trockenen Fuß" bringt ihre Ansprüche an Boden und Klima auf den Punkt. Der Wasserbedarf liegt bei ca. 550 mm Niederschlag. Bei der Keimung und in der Jugendphase ist die Luzerne allerdings noch auf eine ausreichende Wasserversorgung angewiesen. Erst nach Ausbildung ihres ausgeprägten Wurzelsystems nach dem ersten Anlagejahr kann sie der Trockenheit gut trotzen. Durch ihr tief greifendes Wurzelsystem kann die Luzerne dann einen großen Anteil ihres Wasser- und Nährstoffbedarfs aus dem Unterboden abdecken. Auf gut durchlässigen Böden kann sich die Luzerne aber auch unter niederschlagsreichen Bedingungen sehr gut behaupten.

Die Luzerne ist eine wärmeliebende Pflanze. Die Temperaturen sollen im Jahresmittel bei mindestens 7,8 °C liegen. Die Keimtemperatur liegt bei 8 bis 10 °C, der Aufgang erfolgt nach 7 bis 9 Tagen. Geht die Luzerne nicht zu tief geschnitten in den Winter, können aber auch Temperaturen bis −20 °C überdauert werden. Für das Wachstum förderlich sind eher neutrale pH-Werte. Ein erfolgreicher Luzerneanbau erfolgt aber meist bereits ab einem pH-Wert von 5,5 auf leichten Böden und ab pH-Wert 5,8 auf lehmigeren Böden.

SAATVORBEREITUNG UND AUSSAAT

Wie auch andere Kleearten braucht die Luzerne als Feinsämerei ein feinkrümeliges, gut abgesetztes Saatbeet. Vor dem Anbau der Luzerne empfiehlt sich eine Kalkung (1500 bis 2000 kg/ha kohlensaurer Kalk). Ein Phosphorgehalt im oberen Bereich der Versorgungsstufe B ist für die Bildung ausreichender Knöllchen und deren N-Fixierleistung dienlich.

Auf Böden, wo noch nie oder schon länger keine Luzerne gestanden hat, empfiehlt sich eine Impfung mit speziellen Luzerne-Rhizobienbakterien. Dies kann den Ertrag der Luzerne beim erstmaligen Anbau durch die erhöhte Tätigkeit der Knöllchenbakterien erheblich steigern. Dabei sollte der Impfstoff unmittelbar vor der Aussaat ins Saatgut eingemischt werden, um die Wirksamkeit aufrechtzuerhalten.

Das Anbaufenster von Luzerne reicht von April bis Mitte August. Als sehr günstig haben sich jedoch die Frühjahrssaaten erwiesen, da die Luzerne eine langsame Jugendentwicklung aufweist und hier die gleichmäßigsten Bestände ausbildet. Der Anbau ist mit oder ohne Deckfrucht möglich – siehe Saatverfahren. Bei Sommersaaten gilt grundsätzlich: Je frühräumender die Vorkultur ist, desto besser ist die Winterfestigkeit der darauffolgenden Luzerne.

Die Reinsaatmenge bei Luzerne beträgt 25 bis 30 kg/ha bei einer Saattiefe von bis 1,5 cm.

Saatverfahren

- Blanksaat (ohne Deckfrucht) im Frühjahr
- Aussaat unter Deckfrucht zur Körnernutzung (z. B. Sommergerste; 2/3 der Normalsaatstärke)
- Aussaat unter Deckfrucht zur Futternutzung (z. B. 70 kg/ha Hafer oder Sommerroggen; Nutzung vor dem Rispen-/Ährenschieben)
- Blanksaat nach frühräumenden Getreidearten

Aufgrund der Unverträglichkeit zu anderen Kleearten und zu sich selbst sind bei Reinsaaten Anbaupausen von mindestens 4 bis 6 Jahren einzuhalten. Bei Mischungen mit Futtergräsern (Luzernegrasanbau) können die Anbaupausen auf 2 bis 3 Jahre verkürzt werden.

PFLEGEMASSNAHMEN UND NUTZUNG

Sollten sich bei Neuanlage insbesondere bei Blanksaaten ohne Deckfrucht Unkräuter schneller entwickeln, kann ein Schröpfschnitt durchgeführt werden. Dabei müssen aber die Schneidwerkzeuge so hoch wie möglich eingestellt werden, sodass nur das Unkraut erfasst wird. Ansonsten sind jegliche Überfahrten zu vermeiden, da die Luzerne in ihrer Jugendentwicklung sehr empfindlich ist.

Im ersten Jahr der Nutzung sollte der erste Schnitt nicht zu früh angesetzt werden (einsetzender Blühbeginn). Diese Zeit benötigt die Luzerne für die Ausprägung ihres starken Wurzelsystems. In der Entwicklungsphase kann das Wurzeltiefenwachstum 5 cm pro Tag betragen.

Die Nutzungsfrequenz liegt in der Regel bei 3 bis 4 Schnitten über eine Nutzungsdauer von ebenso vielen Jahren. Eine längere Nutzung von Luzernereinsaaten ist nicht sinnvoll, da schließlich die Ertragskraft sinkt. In Luzernegrasmischungen können die Gräser je nach Anteil den Rückgang der Luzerne etwas ausgleichen. Bei noch höheren Schnitthäufigkeiten (4 bis 5 Schnitte je nach Region) beschränkt sich die Nutzung meist auf 2 bis 3 Hauptnutzungsjahre.

SCHÄDLINGE

Blattrandkäfer

Blattrandkäfer können erhebliche Fraßschäden an den Blättern befallener Pflanzen verursachen. Der Käfer überwintert im Boden und beginnt im Frühjahr ab Temperaturen um 15 °C mit dem Fraß. Der Käfer kann auch aus angrenzenden Körnerleguminosenflächen einwandern, wenn er dort noch nichts zum Fressen findet. Vielversprechende Gegenmaßnahmen sind die Förderung der Jugendentwicklung bei der Luzerne und ein räumlich getrennter Anbau von Hülsenfrüchten.

Stängelnematoden/-älchen *(Ditylenchus dipsaci)*

Nematoden sind fadenförmige Tiere, die an verschiedenste Lebensräume angepasst sind. Sie werden aufgrund ihres Aussehens Fadenwürmer oder aufgrund ihrer Fortbewegungsart auch Älchen genannt. Viele Nematoden sind Parasiten von Pflanzen und schädigen das Pflanzengewebe. Sie hemmen die Wasser- und Nährstoffaufnahme der Pflanzen, was zu einer Welke führen kann. Außerdem verursachen Nematoden Eintrittspforten für Folgekrankheiten. Bei Luzerne wachsen die befallenen Pflanzen gestaucht, die Pflanzenbasis zeigt Anschwellungen und Verdickungen. Später vertrocknen die Pflanzen und sterben ab.

Eine erweiterte Fruchtfolge eignet sich besonders, um die Nematodenpopulation niedrig zu halten. Daneben sollte auch eine Verschleppung der Nematoden verhindert werden, indem die befallenen Flächen zum Schluss geschnitten werden. Die wichtigsten Maßnahmen in der Bekämpfung sind die Verwendung von nematodenfreiem Saatgut und die Wahl von resistenten oder toleranten Luzernesorten.

KRANKHEITEN

Kleekrebs *(Sclerotinia trifoliorum)*

Neben Weiß- und Rotklee kann auch Luzerne von dieser bedeutenden Pilzkrankheit befallen werden. Ein häufiger und langjähriger Anbau von Klee ermöglicht dem Pilz, sich stark auszubreiten.

Der Pilz befällt vor allem Neuanlagen im Herbst und Winter des Aussaatjahres und kann unter günstigen Voraussetzungen einen großen Schaden im Bestand anrichten. Primärinfektionen im Herbst (kleine schwarze Nekrosen auf den Blättern und Trieben) werden kaum beachtet. Später bildet sich an den Pflanzenstängeln ein weißliches Pilzmycel. Einzelne Pflanzentriebe, aber auch ganze Pflanzen welken, verfaulen und sterben schließlich ab. Im dichten Kleebestand kann das Myzel des Parasiten von kranken zu gesunden Pflanzen wachsen. Es bilden sich nesterweise Lücken im Bestand. Je nach Witterung vermehrt sich der Parasit bis Anfang April und führt zum Tod von weiteren Pflanzen. Im Lauf des Winters und früh im Frühling können in den abgestorbenen Pflanzen Dauerkörper – die sogenannten Sklerotien – beobachtet werden, ein untrügliches Zeichen eines Kleekrebsbefalls. Hat sich die Krankheit im Bestand etabliert, nehmen die Schäden von Jahr zu Jahr zu.

Zu den Vorbeugemaßnahmen zählen die Verwendung von zertifiziertem Saatgut, da Sklerotien auch über das Saatgut verbreitet werden können, und die Verwendung resistenter Sorten. Bei Befall sind die notwendigen Anbaupausen zu anderen Kleearten einzuhalten. Tieferes Pflügen in befallenen Kulturen kann den Befallsdruck etwas mindern, da vergrabene Sklerotien (mehr als 3 bis 5 cm) nicht mehr keimen können.

Luzernewelke *(Verticillium*-Welke*)*

Im Luzerneanbau eine bedeutende Pilzkrankheit. Erreger sind vorwiegend die Pilze *Verticillium* und *Ascochyta,* die sich nach der Infektion durch die Wurzeln oder Pflanzenwunden über die Leitgefäße in den Stängeln ausbreiten und so die Wasser- und Nährstoffversorgung der Pflanze unterbrechen. Bei Befall vergilben zunächst einzelne Triebe, später die ganze Pflanze bis zum Absterben. Der Pilz *Ascochyta* kann die Pflanze zudem auch äußerlich befallen.

Luzernewelke führt zu Lückigkeit im Bestand und zu einer reduzierten Nutzungsdauer. Die längere Überdauerung im Boden des Pilzes als Myzel oder mit Mikrosklerotien und der größere Wirtskreis erfordert bei Auftreten dieser Krankheit Anbaupausen von mindestens drei Jahren zu Kartoffel, Hopfen, Lupine und von sechs Jahren zu Luzerne selbst. Bei der Wahl der richtigen Sorte sollte zudem auf die Widerstandsfähigkeit gegenüber dieser Pilzkrankheit geachtet werden.

Anthraknose

Als Anthraknose werden hell- bis dunkelbraune längs ovale Läsionen auf Blättern, Stängeln oder Blüten bezeichnet, die speziell bei Leguminosen in wärmeren Regionen oder wärmeren Wetterperioden auftreten können. Verantwortlich für diese Krankheit sind Pilze, dessen Sporen sich im Bereich der Läsionen entwickeln. Einer der bedeutendsten Vertreter davon ist *Colletotrichum trifolii,* der Erreger des südlichen Stängelbrenners. Die Verletzungen durch den Pilz können sehr rasch den ganzen Stängel umfassen, mit der Folge, dass Blätter oder ganze Triebe vertrocknen und absterben.

Feuchtes Wetter begünstigt die Verbreitung dieser Krankheit. Eine Massenvermehrung kann durch einen vorzeitigen Schnitt verhindert werden, wodurch die Krankheit selbst allerdings nicht bekämpft wird. Die beste Vorbeugung gegen Anthraknose ist die Verwendung resistenter Sorten.

Blattbrand *(Leptosphaerulina trifolii)*

Neben Weißklee kann der Blattbrand auch bei Luzerne Ertrag und Qualität der befallenen Pflanzen mindern. Zudem reduzieren Östrogen-wirksame Substanzen die Fruchtbarkeit der Luzerne.

Die Lichtintensität und die Tageslänge beeinflussen das Aussehen der Blattflecken. Bei hoher Lichtintensität und während langer Tage haben die Flecken dunkelbraune Ränder und ein helles Zentrum. Andernfalls entstehen nur schwarze Flecken auf den Blättern. Rund um die Flecken ist meist ein gelber Hof zu sehen. Die Krankheit breitet sich bei kühlen Temperaturen und hoher Luftfeuchtigkeit im Pflanzenbestand aus. In dichten Reinbeständen kann sich die Krankheit besonders schnell entwickeln. Tritt der Blattbrand im Pflanzenbestand stärker auf, wird ein sofortiger früher Schnitt als Bekämpfungsmaßnahme empfohlen.

Falscher Mehltau *(Peronospora trifoliorum)*

Die Krankheitssymptome sind spät im Frühling während feuchtwarmer Witterung am deutlichsten erkennbar. Befallene Blätter zeigen auf der Blattoberseite gelbe Flecken. Auf der Blattunterseite bildet sich ein grau-violetter Belag, bestehend aus Sporangienträgern des Pilzes. Der verursachte Schaden ist in der Regel allerdings unbedeutend. Ein früher Schnitt und die Verwendung von resistenten Sorten dienen der Bekämpfung des falschen Mehltaus.

Klappenschorf *(Pseudopeziza medicaginis)*

Das Schadbild des Klappenschorfs ist geprägt durch hell- bis dunkelbraune Blattflecken mit einheitlicher Größe. Beim Vergilben des Blatts fällt ein grüner Hof auf, der um den Fleck bestehen bleibt. Die Ausbreitung des Pilzes erfolgt bei hoher Luftfeuchtigkeit und gemäßigten Temperaturen. Der Klappenschorf hat auf Tiere, die die erkrankten Pflanzen fressen, im Hinblick auf deren Fruchtbarkeit einen negativen Einfluss.

In der Bekämpfung dieser Krankheit ist auf resistentes Saatgut zu achten.

DÜNGUNG

Auf eine Stickstoffdüngung kann bei der Luzerne verzichtet werden. Eine leichte Gülle- oder Mistgabe vor dem Anbau dient allenfalls der N-Versorgung der Deckfrucht. Ansonsten ist die Luzerne (als auch gut etablierte Luzernegrasbestände) selbsttragend. Erst später, wenn sich die Gräser stärker entwickeln, kann über eine leichte Gülledüngung nachgedacht werden. Die N-Fixierleistung der Luzerne sollte jedenfalls nicht durch zu hohe N-Gaben beeinträchtigt werden.

Für eine entsprechende Entwicklung der Luzerne ist eine gute Versorgung mit Kalk, Phosphor und Kali dienlich. Eine Aufkalkung sollte bereits vor der Luzerneansaat durchgeführt werden (1500 bis 2000 kg kohlensaurer Kalk/ha). Die Phosphor- und Kalidüngung sollte sich nach der Bodenuntersuchung richten, wobei 70 bis 90 kg/ha P_2O_5 und 100 bis 150 kg/ha K_2O als Richtwerte gelten. Eine Bodenuntersuchung auf Spurenelemente könnte einen Mangel an Molybdän aufzeigen, auf den Luzerne empfindlich reagiert. Besondere Bedeutung kann der Molybdänversorgung auf Böden mit geringen pH-Werten zukommen.

ERNTE

Die Ernte der Luzerne erfolgt meist zwischen dem jungen Knospenstadium und dem Beginn der Blüte. Hier sind in der Regel Rohproteingehalte von 20 % immer zu erreichen. Ab dem Knospenstadium beginnt die Lignifizierung stärker voranzuschreiten und der Anteil an Eiweiß nimmt rasch ab. Dennoch sollte die Luzerne einmal im Jahr leicht in die Blüte gehen, um die Ausdauer und Vitalität zu erhöhen. Ab der Blüte dient die Luzerne hauptsächlich als Strukturfutter.

Besonders empfindlich reagiert Luzerne auf einen tiefen Schnitt, da Erneuerungstriebe und -knospen am Wurzelkopf beschädigt werden. Ein reduzierter Wiederaustrieb und eine Abnahme der Bestandesdichte sind die Folge. Auf eine Schnitthöhe von 10 cm sollte daher geachtet

© LK OÖ/Rudlstorfer

Die Luzerne sollte zumindest einmal im Jahr leicht in die Blüte gehen können, um ihre Ausdauer zu erhöhen.

werden. Auch die Verschmutzung des Futters – insbesondere bei Silagebereitung – kann so verringert werden. Vor dem Winter muss die Luzerne genügend Reservestoffe einlagern können. So sollte die Luzerne mit einer Bestandeshöhe von mindestens 10 bis 15 cm in den Winter gehen. In schönen Herbstperioden nicht zu einem späten Schnitt verleiten lassen, dies rächt sich meist im Frühjahr mit einem verspäteten und schütteren Wiederaustrieb.

Feuchte Bodenverhältnisse sind bei der Ernte der Luzerne so gut es geht zu vermeiden. Versuche zeigten, dass durch Traktoren verursachte Bodenverdichtungen zu Veränderungen an den Pflanzenwurzeln führen und geringere Erträge bewirken. Eine Beweidung verträgt die Luzerne nicht. Einzig die Weideluzerne ('Luzelle') ist Bestandteil in Weidemischungen für Trockenstandorte. Erste direkte Vergleiche zeigten jedoch, dass die Weideluzerne 'Luzelle' in Kurzrasenweide keine höheren Ertragsanteile als die üblichen Luzernesorten bildeten.

Ab dem Knospenstadium nehmen Lignin-Anteil zu und der Rohprotein- und Energiegehalt ab.

LUZERNEANBAU FÜR DIE SAATGUTPRODUKTION

Für die Vermehrung von Luzerne eignen sich sogenannte Luzernegrenzböden. Ideal sind trockene Lagen mit konstant hohen Sommertemperaturen. Hier wird das vegetative Wachstum eingeschränkt, wodurch die Samenausbildung gefördert wird. Böden, auf denen die Luzerne hohe Futtererträge bringt, garantieren keine hohen Samenerträge. In der Vegetationsperiode sollte möglichst nur vor der Blüte Regen fallen. Danach braucht sie für eine gleichmäßige Ausreifung der Samen warmes und trockenes Wetter.

Die Luzerne ist Fremdbefruchter und somit auf die Bestäubung durch Insekten angewiesen. Um eine hohe Befruchtungsrate zu erzielen, können Bienenvölker in der Nähe der Vermehrungsflächen aufgestellt werden.

In der Fruchtfolge ist die Luzerne für die Vermehrung in einem Mindestabstand von 4 bis 5 Jahren auf andere Leguminosen bzw. auf sich selbst anzubauen, um Kleemüdigkeit, Kleekrebs oder Welkekrankheiten zu verhindern. Für die Vorfrucht von Luzerne bestehen keine hohen Ansprüche, jedoch sollte sie eine möglichst unkrautfreie Fläche hinterlassen, um eine Verunkrautung der dünn stehenden Luzerne zu verhindern.

Im Vergleich zur Futternutzung werden bei der Luzerne-Saatgutvermehrung geringere Sästärken verwendet. Eine Erhöhung der Pflanzendichte würde die vegetative Entwicklung zulasten der Samenerträge bewirken. Im Gegensatz zu anderen Vermehrungsflächen in Europa wird die Luzerne in Österreich meist hinsichtlich ihrer positiven Eigenschaften als Tiefwurzler und N-Sammler in Ackerfruchtfolgen integriert. Die Samenernte stellt hier oft einen Kombinutzen dar. Die Aussaatmenge beträgt hierbei 10 bis 15 kg/ha. In der spezialisierten Luzernevermehrung werden Saatstärken von 2 bis max. 4 kg/ha verwendet. Diese verringerte Saatstärke erhöht den Hülsenansatz.

Die Aussaat kann unter einer Deckfrucht (z. B. in Sommergerste bei verminderter Saatstärke) oder als Frühjahrs- oder Sommerblanksaat bis spätestens Ende Juli erfolgen; Saattiefe 1–2 cm.

Eine Frühjahrssaat kann schon eine Samennutzung im Aussaatjahr ermöglichen. Bei Untersaaten und Sommerblanksaaten erfolgt die Samenernte im zweiten Jahr. Wenn der erste Aufwuchs ungleichmäßig wächst oder verunkrautet ist, wird erst der Zweitaufwuchs zur Samenernte genutzt. Ein Schröpfschnitt oder eine Futternutzung kann bis spätestens Mitte Mai erfolgen. Dabei darf die Luzerne jedoch nicht zu tief geschnitten werden (Schnitthöhe mindestens 8 bis 10 cm).

Geerntet wird, wenn mindestens zwei Drittel der Hülsen braun und die restlichen gelblich gefärbt sind. Die Samen werden mit dem Mähdrescher direkt vom Feld weg geerntet oder zur Nachreife zuerst auf Schwad gelegt. Die Samenerträge sind bei der Luzerne stark schwankend und werden hauptsächlich vom Zeitpunkt, von der Intensität und Dauer der Blüte, der Aktivität der bestäubenden Insekten und der Witterung während der Bestäubung und der Ernte beeinflusst.

© Anton Starikov/Shutterstock.com

Sogenannte „Luzernegrenzböden" in trockenen Lagen mit konstant hohen Sommertemperaturen eignen sich am besten für die Luzernevermehrung.

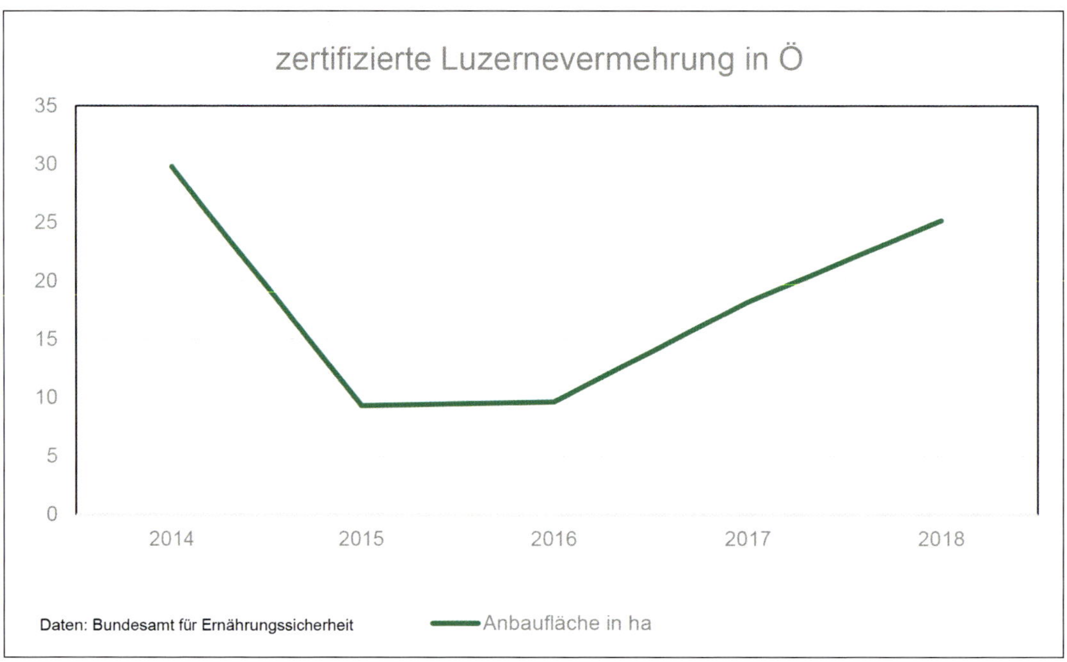

LUZERNE IN DER FÜTTERUNG

Kennzeichnend für die Luzerne ist ihr hoher Gehalt an Rohprotein und Rohfaser. In der Tabelle „Futterwerttabelle – Luzerne im Vergleich“ sind die Futterwerte von Luzerne dargestellt. Zur besseren Einordnung dieser Werte wird ein Vergleich mit Silagen von Dauergrünland, Rotklee und Luzernegrasmischungen angestellt.

Im Vergleich zu klassischen Eiweißfrüchten vom Acker hängt die Luzerne die Sojabohne hinsichtlich der Rohproteinerträge je ha deutlich ab. Bei Erträgen von 10 bis 12 t Trockenmasse und einem Rohproteingehalt von 20 % können bei der Luzerne 2000 bis 2400 kg Eiweiß je ha geerntet werden. Bei der Sojabohne liegt der Eiweißertrag bei gleicher Flächeneinheit in etwa bei der Hälfte (3000 kg Ertrag mit 38 % Rohprotein).

In der Rinderfütterung gilt die Luzerne somit als wertvoller Lieferant von Rohprotein aus dem Grundfutter. Wegen der hohen ruminalen Stickstoffbilanz (positiver RNB-Wert) eignet sich die Luzerne besonders als Ergänzung zu Maissilagen, die einen negativen RNB aufweisen. In grundfutter- und weidebetonten Rationen kann die Luzerne speziell im Winterfutter als wichtiger Eiweißlieferant dienen. In Futteranalysen ergeben sich bei Luzerne aber immer wieder stark schwankende Nährstoffgehalte, speziell hinsichtlich der Rohproteingehalte. Der Nutzungszeitpunkt der Luzerne ist deshalb sehr entscheidend.

Luzerne ist aber auch bekannt für ihre Wiederkautätigkeit unterstützenden Strukturkohlenhydrate, was zusätzlich für den Einsatz in Milchvieh- oder Stiermastrationen mit hohem Maisanteil spricht. Die gute Strukturwirksamkeit lässt sich durch den hohen Anteil an Faserkohlenhydraten (= Gerüstsubstanzen) erklären. Leicht fermentierbare Kohlenhydrate in Form von Stärke und Zucker kommen allerdings praktisch nicht vor. Die Verdaulichkeit der organischen Masse ist mit Werten von 60 bis 66 % daher eher gering, wodurch sich auch schließlich beschei-

Silage; (Verglichen im 1. Aufwuchs)	**Trocken-masse** TM g/kg	**Rohfaser** g/kg TM	**Rohprotein** g/kg TM	**MJ/NEL**	**MJ ME**	**Ruminale N-Bilanz (RNB)**
Luzerne Ähren-/Rispenschieben	393	246	224	5,37	9,18	14,3
Luzerne Beginn Blüte	447	278	196	5,15	8,88	10,2
Grassilage Ähren-/Rispenschieben	353	248	158	6,05	10,11	3,7
Grassilage Beginn Blüte	359	274	149	5,74	9,70	3,2
Luzernegras Ähren-/Rispenschieben	361	252	183	5,79	9,76	7,8
Luzernegras Beginn Blüte	377	275	176	5,58	9,48	7,2
Rotklee	456	277	156	5,63	9,54	3,5
(Boden-) Heu; (Verglichen im 1. Aufwuchs)						
Luzerne	883	355	159	4,66	8,17	5,0
Luzernegras-Gemenge	893	322	157	4,84	8,42	5,1
Rotkleegras-Gemenge	894	320	130	5,32	9,12	1,1
Heu aus Wiesen (Ähren-/R.-Schieben)	891	258	124	5,66	9,56	0,0
Heu aus Wiesen (Beginn Blüte)	892	287	110	5,30	9,08	−1,2

Tabelle 15: Auszug aus den „Futterwerttabellen für das Grundfutter im Alpenraum“

dene Energiewerte von 4,8 bis 5,4 MJ NEL/kg Trockenmasse ergeben. Durch den Anbau in Mischungen mit Futtergräsern können die Energiegehalte in Luzernegrasmischungen verbessert werden.

© LK OÖ/Rudlstorfer

Luzerne ermöglicht für die Wiederkäuerfütterung hohe Rohproteinerträge je Flächeneinheit. Die geringeren Energieerträge hingegen können durch höhere Futteraufnahme aufgrund der Schmackhaftigkeit zu einem Teil ausgeglichen werden.

Beobachtungen aus der Praxis und Erfahrungen aus Versuchen zeigen eine hohe Schmackhaftigkeit von Luzerneprodukten. Neben den vorhin genannten Gesichtspunkten ist letztendlich auch dieser Aspekt dafür verantwortlich, warum die Luzerne trotz der relativ geringen Energiewerte als Futtermittel für Wiederkäuer sehr interessant ist. Bei einem Fütterungsversuch mit Milchvieh in der Versuchsanstalt Grub (Bayerische Landesanstalt für Landwirtschaft) wurde beim Einsatz von 30% Luzerne in einer Teilmischration die verminderte Energiedichte der Luzerne durch eine höhere Futteraufnahme wieder ausgeglichen. Auch Versuche bei Maststieren brachten die positiven diätetischen Eigenschaften der Luzerne zutage. Beim Einsatz von bis zu 60% Luzernesilage in der Mastration ließen sich kaum Auswirkungen auf die Mast- und Schlachtleistungen erkennen, zusätzlich ergaben sich positive Effekte hinsichtlich Pansengesundheit und Futteraufnahmen. In der Stiermast wird die Wirtschaftlichkeit eines derart hohen Luzerneeinsatzes jedoch auch von den Kraftfutterpreisen stark abhängen (Kraftfutterpreis als Energieausgleich versus Einsparungspotenzial bei Eiweißfuttermittel).

Eigenschaften der Luzerne als Wiederkäuerfutter – Zusammenfassung

- Verbesserung der Proteinversorgung aus der Grundfutterration (Nutzungszeitpunkt der Luzerne entscheidet stark über den Rohproteingehalt)
- Gute Strukturversorgung durch hohen Anteil an Gerüstsubstanzen
- Vergleichsweise geringe Verdaulichkeiten und damit auch verminderte Energiewerte bei Luzerne. In geringeren Rationsanteilen kann die Energieversorgung durch höhere Futteraufnahme ausgeglichen werden
- In silomaisbetonten Rationen liefert Luzerne eine wertvolle Eiweißergänzung und einen guten Strukturausgleich. In grundfutter- und weidebetonten Rationen geeigneter Eiweißlieferant in der Winterfütterung

KONSERVIERUNG VON LUZERNE

Die Konservierung der Luzerne ist grundsätzlich als Silage, Heu oder Trockengrün möglich. Diese ist jedoch – unabhängig der Konservierungsart – nicht ganz einfach. Bei der Werbung als Heu gehen mit zunehmendem Trockensubstanzgehalt schnell die besonders wertvollen Blätter verloren. Bei der Konservierung als Silage wiederum verhindern speziell der geringe Zuckergehalt und die hohe Pufferkapazität eine saubere Milchsäuregärung. Belüftungsanlagen haben bei der Konservierung der Luzerne daher eine besondere Bedeutung.

Luzernesilage

Die Gehalte an organischen Säuren, Eiweiß und Mineralstoffen sind in der Luzerne sehr hoch und wirken bei der Silierung stark puffernd gegen die gebildete Milchsäure. Gleichzeitig hemmt der geringe Zuckergehalt eines Luzerneschnittguts das Säurebildungsvermögen der Milchsäurebakterien. Ein Mischanbau mit Gräsern (Luzernegrasmischungen) erhöhen den Zuckergehalt des Silierguts und damit auch die Vergärbarkeit.

Zur Unterstützung eines positiven Gärprozesses können auch Silierhilfsmittel eingesetzt werden. Andernfalls sollte die Luzerne zur Silierung etwas besser angewelkt werden (35 bis 40 % TM-Gehalt), wobei ein zu hoher Anwelkgrad wiederum die Gefahr von Bröckelverlusten und das Risiko für eine Nacherwärmung durch eine unzureichende Verdichtung steigert. Als Ackerfutterkultur ist bei der Silierung auch darauf zu achten, dass die Luzerne sauber geerntet wird, um die Stabilität des Gärprozesses nicht zusätzlich zu gefährden.

Luzernesilage.

© Robert D Brozek/Shutterstock.com

Luzerne-Rundballen.

Luzerneheu

Die größte Herausforderung bei der Bereitung von Luzerneheu ist die Minimierung der Bröckelverluste bei ausreichender Trocknung des Ernteguts. Die Bodentrocknung hat deshalb bei der Luzerne eine eher geringe Bedeutung bzw. erfordert hohes Management bei der Werbung. Oft kommt eine Belüftungstechnik zur Anwendung, bei der auch zusätzlich angewärmte Luft zugeführt werden kann (Warmbelüftung). Aus futterhygienischer Sicht ist eine Belüftung mit vorgewärmter Luft jedenfalls positiv zu bewerten. Die Belüftung in Heuboxen oder von locker und gleichmäßig gepressten Ballen darf schließlich nicht zu früh beendet werden bzw. sollte die Luzerne dann nachgetrocknet werden, da sich die Stängel relativ langsam trocknen lassen.

Potenzial für die Verbesserung der Luzerneheuqualität liegt meist noch in der Phase zwischen Mahd und Zuführung zur Trocknung. So kann zum Beispiel die Verwendung eines Walzenaufbereiters das Anwelken auf dem Feld beschleunigen bzw. die Feldliegedauer verkürzen. Pick-up-Bandschwader hingegen können bei der Aufbereitung des angewelkten Schnittguts die Bröckelverluste vermindern. Auch die Tageszeit kann beim Wenden bzw. Schwaden berücksichtigt werden. Hierzu kann der morgendliche Tau dazu genutzt werden, die Bröckelverluste so gering wie möglich zu halten.

Trockengrün – Luzernecobs/-pellets

Die Trocknung mittels Heißluft ermöglicht eine relativ schlagkräftige und wetterunabhängige Ernte, bei der sehr hohe Qualitäten erreicht werden können. Das Erntegut wird meist nach einer kurzen Anwelkphase am Feld durch Direktbefeuerung in einer Trocknertrommel auf einen Restfeuchtegehalt von unter 10 % gebracht. Durch diesen Trocknungsvorgang steigt auch der Gehalt an nicht im Pansen abbaubarem Protein, das schließlich im Dünndarm als Proteinquelle zur Verfügung steht (UDP-Anteil).

Diese Art der Konservierung wird meist in größeren Trocknungsgemeinschaften durchgeführt, von denen es in Italien und Deutschland bereits mehrere gibt. Aber auch in Österreich hat es in den letzten Jahren in diesem Sektor eine Entwicklung gegeben. Als Trockengut wird die Luzerne in solchen Produktionsanlagen nicht nur in Ballen verkauft, sondern vielerorts auch zu Luzernecobs bzw. -pellets weiterverarbeitet. Dies macht das Handling und das Einsatzgebiet von Luzerneheu nochmals interessanter.

© FLariviere/Shutterstock.com

Luzernepellets.

LUZERNE: FRAGEN FÜR DIE PRÜFUNGSVORBEREITUNG

1. Nennen Sie den botanischen Namen der Luzerne.
2. Beschreiben Sie die Luzernepflanze.
3. Wofür wird die Luzerne verwendet?
4. Welchen Vorteil hat Luzerne für den Boden?
5. Beschreiben Sie die jeweiligen Vor- und Nachteile von Reinsaat und Mischkultur.
6. Welche Ansprüche stellt die Luzerne an Standort und Klima?
7. Wie wird die Luzerne in der Fruchtfolge berücksichtigt?
8. Welche Bodenvorbereitungsmaßnahmen sind vor dem Anbau durchzuführen?
9. Was gibt es bezüglich Saatzeit zu beachten?
10. Welche Saatverfahen kommen zur Anwendung?
11. Beschreiben Sie Pflegemaßnahmen und Nutzung der Luzerne.
12. Nennen Sie 5 Schädlinge oder Krankheiten der Luzerne und beschreiben Sie deren Schadbilder.
13. Beschreiben Sie die Düngemaßnahmen bei der Luzernekultur.
14. Was ist bei der Ernte zu beachten?
15. Welche Bedingungen eignen sich für den Anbau von Luzerne für die Saatgutproduktion?
16. Wie erfolgt die Befruchtung der Luzerne?
17. Welche Vorzüge hat die Luzerne in der Fütterung?
18. Wie erfolgt die Konservierung von Luzerne?
19. Beschreiben Sie die Verarbeitung zu Luzernesilage.
20. Worin besteht die Herausforderung bei der Bereitung von Luzerneheu?
21. Beschreiben Sie die Verarbeitung zu Luzerneheu.
Beschreiben Sie die Verarbeitung zu Trockengrün, Luzernecobs/ pellets.

Lebenszyklus der Luzerne.

KLEE

DAS UNTERSCHÄTZTE KRAFTPAKET

Die diversen Kleearten haben in der Landwirtschaft in früheren Zeiten eine enorme Rolle gespielt, denn sie waren – neben einem marginalen Einsatz von Wirtschaftsdüngern in Form von Mist und Streu aus dem Wald – die de facto einzige relevante Stickstoffquelle. Die Kleearten spielen neben der Luzerne weltweit eine bedeutende Rolle für die Eiweißversorgung.

Botanisch gehören die Kleearten zu den Leguminosen – sie sind im Regelfall mehrjährig. In den gemäßigten Breiten sind Rot- und Weißklee häufig in Verwendung. Aber auch heute soll man die Bedeutung des Klees oder generell der Futterleguminosen nicht unterschätzen. In Österreich stammt etwa die Hälfte des in der Tierhaltung verbrauchten Eiweißes aus dem Futterbau, an dessen Eiweißertrag die Leguminosen einen beachtlichen Anteil haben.

Kleearten werden – außer in der Saatgutproduktion – eher selten in Reinsaat angebaut. Sehr viel mehr Bedeutung haben sie als Mischungspartner oder Komponenten in Grünlandmischungen oder auch im mehrjährigen Feldfutterbau.

Auch die Honigernte ist Teil der Ökosystemleitung des Klee- oder generell Leguminosenanbaus.

RENAISSANCE DES KLEES – DIE WERTVOLLE FUTTERPFLANZE

Gerade die Diskussion rund um die Verbesserung der Biodiversität in der Landwirtschaft sowie einer besseren Eiweißversorgung aus eigener Produktion und einer teilflächenspezifischen Grünlandbewirtschaftung mit gezielter Extensivierung einzelner Flächen könnte dem Kleeanbau oder der vermehrten Nutzung von Klee bzw. Futterleguminosen wieder Impulse verschaffen.

Ein breiteres Angebot blühender Kulturpflanzen als Nektar- und Pollenquelle für Honig-, aber auch Wildbienen und anderen Bestäuberinsekten könnte den Kleeanbau bzw. die verstärkte Nutzung von Kleearten in Grünland- und Feldfutterbeständen wieder interessanter machen. Nach dem Begriff der „Ökosystemleistung" sind Futterleguminosen daher besonders wertvoll.

Futterleguminosen sind ein Eldorado für Insekten.

Klee als Bodenverbesserer und Erosionsschutzpflanze

Bedeutung haben verschiedene Kleearten – insbesondere Alexandrinerklee oder auch Inkarnatklee – in Begrünungsmischungen, kombiniert mit Raygras, Grünschnittroggen, *Phacelia,* anderen Leguminosen wie Platterbse etc. Eine bekannte, oftmals verwendete Mischung ist das Landsberger Gemenge, bestehend aus:

- 30 % Inkarnatklee
- 20 % Winterwicke und
- 50 % Italienischem Raygras

Diese Mischung hat neben der hervorragenden langfristigen Bodenbedeckung auch ein beachtliches Potenzial der Futtererzeugung.

Besonders wichtig sind Hummeln zur Befruchtung und Samenbildung. Hier leistet die Hummel mehr als die Honigbiene.

DIE WICHTIGSTEN KLEEARTEN

Rotklee *(Trifolium pratense)*

… ist eine mehrjährige, aufrecht wachsende Futterpflanze, die eine kräftige Pfahlwurzel ausbildet. Die Kleeart bevorzugt frische, eher nährstoffreiche Standorte. Rotklee ist ein wichtiger Bestandteil des Dauergrünlandes. Soll er dort bestandesbildend sein, darf das Grünland nicht zu oft genutzt werden bzw. müssen bei häufigerer Nutzung – vier Schnitte oder mehr – Maßnahmen ergriffen werden (Nachsaat), um den Rotklee zu „halten“.

Im Ackerfutterbau wird Rotklee auch in Reinsaat angebaut, mit einer Saatstärke von 15 kg/ha.

Rotklee ist empfindlich gegenüber Beweidung. Die Schmackhaftigkeit und der hohe Futterwert machen ihn aber zu einer sehr wertvollen Futterpflanze.

Sein ausgeprägtes Wurzelsystem lässt ihn auch Trockenperioden überdauern – allerdings hat er bei Weitem nicht die Trockenheitsresistenz einer Luzerne.

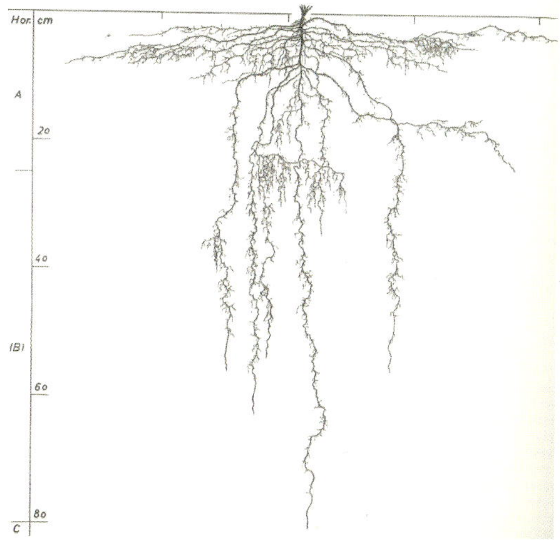

Wurzelbild Rotklee: Rotklee wurzelt tief – sofern die Bodenverhältnisse es erlauben und keine Unterbodenverdichtung besteht.

Trifolium pratense.

Weißklee *(Trifolium repens)*

... ist eine wichtige – wenn nicht die wichtigste – Kleeart im intensiven Grünland. Weißklee eignet sich auch für vielschnittige Wiesen und verträgt auch Weidegang gut. Weißklee hat einen guten Futterwert und kann sehr hohe Rohproteingehalte – auch über 20 Prozent – erreichen. Er ist konkurrenzkräftig und kann sich in lückigen Beständen gut ausbreiten und etablieren. Anders als andere Kleearten oder Luzerne bildet Weißklee keinen aufrechten Stängel – geerntet werden im Regelfall nur Blätter und Blattstiele. Weißklee ist mineralstoffreich, gut verdaulich, wodurch auch die Futteraufnahme gesteigert werden kann.

Weißklee ist allerdings kurzwüchsig, kriechend im Wuchs, und leidet daher unter Lichtkonkurrenz. Er gedeiht gut in Gesellschaft von Untergräsern. Hinsichtlich der Wasserversorgung ist Weißklee anspruchsvoll.

Weißer Klee so weit das Auge reicht.

Trifolium repens.

Lotus corniculatus.

Hornklee *(Lotus corniculatus)*

... gedeiht auf eher nährstoffärmeren, trockenen, aber nicht zu sauren Böden. Er bildet eine kräftige Pfahlwurzel. Hornklee hat einen guten Futterwert und hohe Rohproteingehalte. Nachdem er eher schwächere Standorte bevorzugt, verträgt er zu häufige Nutzung nicht.

Hornklee ist bekannt für seinen signifikant höheren Gehalt an Polyphenolen (darunter auch kondensierte Tannine). Letztere können zu einer optimierten Proteinverwertung beim Wiederkäuer beitragen. Kondensierte Tannine können auch positive Wirkungen auf die Tiergesundheit haben, wie z. B. Parasitenkontrolle bei Schafen und Ziegen.

Esparsette *(Onobrychis viciifolia)*

... gedeiht gut auf kalkhaltigen, eher trockenen Böden. Esparsette enthält viele interessante Inhaltsstoffe wie Tannine, die sich auf die Verdauungsphysiologie von Wiederkäuern positiv auswirken. Esparsette verträgt keine zu häufige Nutzung – am besten wäre sie in eher extensiven zweischnittigen Wiesen aufgehoben. Der Trend der letzten Jahre zur Erhöhung der Nutzungshäufigkeit des Grünlandes drängt diese an sich wertvolle Futterleguminose eher zurück.

Inkarnatklee *(Trifolium incarnatum)*

... kann mit seinen auffälligen purpurfarbenen Blüten überjährig genutzt werden. Man findet Inkarnatklee daher häufig im überjährigen Zwischenfruchtfutteranbau – die bekannteste Mischung ist das Landsberger Gemenge. Bei sehr tiefen Wintertemperaturen ist er auswinterungsgefährdet. Bei frühzeitiger Nutzung – vor der Blüte – treibt er wieder gut nach. Auch die Futteraufnahme ist bei Nutzung vor der Blüte besser.

Onobrychis viciifolia.

Trifolium incarnatum.

Ein Bestand mit Inkarnatklee.

EINJÄHRIGE LEGUMINOSEN – BEISPIELE

Perserklee *(Trifolium resupinatum)*

... bildet aufrecht wachsende, hohle Stängel. Die rosaroten Blüten sitzen an dünnen Stielen in den Blattachseln. Perserklee ist frostempfindlich und wärmeliebend. Er hat einen guten Futterwert – stellt aber an die Wasserverfügbarkeit hohe Ansprüche. Aufgrund seiner Frostempfindlichkeit ist er nur für den einjährigen Futterbau bzw. Zwischenfruchtbau geeignet.

Alexandrinerklee *(Trifolium alexandrinum)*

... ist eine hochwachsende, gelblich weiß mit endständigen Köpfchen blühende Kleeart. Ähnlich wie Perserklee stellt er hohe Ansprüche an die Wasserversorgung und ist frostempfindlich. Er bevorzugt leichte, mittelschwere, gut mit Nährstoffen versorgte Böden. Saure Böden verträgt er schlecht. Wird Alexandrinerklee für Futterzwecke genutzt, soll die Nutzung bis zur Blüte erfolgen,

Trifolium resupinatum.

© topimages/Shutterstock.com

Trifolium alexandrinum.

da er danach schnell verholzt. Zudem ist das Nachwuchsvermögen schlecht. Alexandrinerklee wird häufig als Zwischenfrucht in abfrostenden Gemengen angebaut.

LEGUMINOSEN IM GRÜNLAND STEIGERN

Ein probates Mittel der Stärkung der Eiweißproduktion aus eigenen Quellen wäre, den Leguminosenanteil im Grünland zu steigern. Grundsätzlich bringen Mischungen meist stabilere Erträge als Reinsaaten. Aus futterbaulichen, aber auch ernährungsphysiologischen Überlegungen sollte Grünland zu

60–80 % aus Gräsern,
10–20 % aus Kräutern und
10–20 % aus Leguminosen

bestehen. Zu bedenken ist, dass bei höheren oder sehr hohen Leguminosenanteilen der Rohfasergehalt zu gering werden kann und auch die Futterkonservierung (speziell bei Silage) sich verschlechtert. Umgekehrt werden die gewünschten Leguminosenanteile dann nicht erreicht, wenn die Nutzungsintensität (Schnitthäufigkeit) des Grünlandes zu hoch wird und/oder dabei auch noch die Nährstoffversorgung (Phosphatmangel) nicht im Lot ist. Wichtig ist daher, eine ausgewogene und für Leguminosen angepasste Nährstoffversorgung anzubieten.

Bei Leguminosen im Grünland zu beachten

- Nachsaat am besten in lückige Bestände – eventuell sogar künstlich Lücken schaffen durch scharfes Striegeln mit Starkzinkenstriegel.
- Die besten Erfolge bei reiner Leguminosennachsaat gibt es bei früheren Terminen – zum zweiten Aufwuchs. Hohe Saatstärken sind zumeist Erfolg versprechend. Je besser der Standort, desto geringer kann die Saatstärke (der Nachsaat) gewählt werden.
- Im Hinblick auf mehr Trockentoleranz im Dauergrünland wird die Nachsaat der Kombination von Rotklee mit Knaulgras mehr Bedeutung bekommen, besonders auch im ertragsbetont geführten und eher raygrasstarken Wirtschaftsgrünland. Erste positive Erfahrungen gibt es. Die Mischungszusammensetzung sollte bei 75 Prozent Knaulgras und 25 Prozent Rotklee liegen. Unbedingt zu empfehlen ist eine Öffnung des Bestandes mit Starkzinkenstriegel (Ausreißen der Gemeinen Rispe) und eine Saatstärke von 30 kg/ha. Optimale

Zeitperiode ist der August, also Anfang August bei vier Schnitten bzw. um den 20.–27. August bei fünfschnittiger Nutzung.

- Flache Saat – Klee- und Leguminosensaatgut – ist sehr kleinkörnig.
- Rückverfestigen des Saatbetts mit Profilwalze (z. B. Güttlerwalze).
- Rotklee ist konkurrenzstark und auch für höhere Nutzungsintensität geeignet.
- Stickstoffdüngung überdenken – hoher Leguminosenanteil – runter mit dem Stickstoff.
- In Versuchen verträgt Rotklee Wirtschaftsdünger besser als mineralische Stickstoffdüngung.
- Weißklee braucht für gute Entwicklung häufigere Nutzung.

LEGUMINOSEN IM FELDFUTTERBAU

Der Eiweißgehalt von Kleegrasmischungen ist stark abhängig von der Artenzusammensetzung und dem Stickstoffangebot. Bei gesicherter Stickstoffversorgung kann bei Gräsern mit etwa 15 % Eiweiß (gerechnet an der Trockensubstanz) gerechnet werden – bei Leguminosen mit 20–24 %. Kleegrasmischungen mit 50 % Anteil Klee kommen daher auf 18–19 % Eiweiß.

Durchaus entscheidend für den Erfolg des Feldfutterbaus ist der Zeitpunkt der Ansaat. Hier gilt ganz klar: Sommer bis Ende August ist besser als Frühjahr. Im Regelfall haben sich bei der Sommer-/Herbstansaat die Bestände bis in das nachfolgende Frühjahr schon etabliert und können in der produktivsten Wachstumsphase dann voll „durchstarten". Genau diese wichtige Wachstumsphase wird bei Frühjahrssaaten zur Bestandesetablierung geradezu vertan. Zudem verschärfen die in den letzten Jahren häufig zu beobachtenden Frühjahr-/Frühsommertrockenphasen diese Problematik.

Luzerne allerdings hat eine deutlich langsamere und „zartere" Jugendentwicklung. Luzerne sollte daher nicht zu spät angebaut werden. Nach Wintergerste ist noch eine gute Entwicklung vor dem Winter gesichert und damit auch ein kräftiger erster Aufwuchs im ersten Hauptnutzungsjahr (sofern die Luzerne lang in den Winter gehen konnte).

Aus Gründen der Ertragssicherheit und der Konservierungsfähigkeit ist eine „Luzernegras"-Mischung der reinen Luzerne vorzuziehen, vor allem außerhalb des pannonischen Klimaraums.

Gut entwickelter Kleegrasbestand mit hohem Kleeanteil. Hier können ohne weitere Eiweißgehalte in der Trockensubstanz von 20 % erreicht werden. Bei keiner anderen Kultur ist die Eiweißproduktion so hoch wie bei Feldfutter.

© LWK OÖ/Krumphuber

Echter Mehltau kann im Spätsommer auftreten und vermindert den Futterwert.

Wichtig wäre, für einen möglichst schnellen Bestandesschluss zu sorgen durch engere Saatreihen oder auch durch die Verwendung einer Deckfrucht, z. B. Hafer (mit maximal 70 kg/ha).

Stickstoffgaben wirken langfristig auf die Bestandeszusammensetzung. Durch Stickstoffdüngung wird tendenziell der Gräseranteil erhöht. Bei Mischungen unter 50 % Leguminosenanteil kann aber eine Startgabe von bis zu 50 kg Reinstickstoff pro Hektar vorteilhaft sein.

Beachtliche Stickstoffbindung – entzugsorientierte Düngung ist Schlüssel zum Erfolg

Als Faustzahl gilt, dass Kleegrasbestände pro Prozent Kleeanteil etwa 3–5 kg N/ha und Jahr fixieren. Man kann somit mit einer N-Bindung von 150–250 kg/ha und Jahr rechnen. Kleegras liegt damit im N-Bindungsvermögen deutlich über dem von Körnerleguminosen am Acker. Deren N-Bindungsvermögen wird mit 100 kg (Sojabohne) bis ca. 200 kg (Ackerbohne) angenommen.

Phosphor und Kali – von nichts kommt nichts

Hohe Anforderungen stellt Kleegras an die Versorgung der Grundnährstoffe Phosphor und Kali. Bei Phosphor muss mit einem Entzug von 0,7–0,8 kg P_2O_5 je dt Trockenmasse gerechnet werden – bei Kali von 3 kg K_2O je dt Trockenmasse. Somit ergeben sich bei mittleren bis hohen Erträgen Entzugswerte von 70–80 kg P_2O_5 und ca. 300 kg K_2O.

Bei den Düngerwerten sind die nationalen Regelungen zu beachten, wie die sachgerechte Düngung in Österreich oder die Düngeverordnung in Deutschland.

Die Knöllchenbakterien der Futterleguminosen sind somit fast eine kleine Düngerfabrik – aber ohne die Nutzung fossiler Brennstoffe, ausschließlich aus der Kraft der Natur.

Futterleguminosen in der Eiweißstrategie

Die europäische Eiweißstrategie ist sehr fixiert auf Soja, Körnerleguminosen und Co. So wichtig diese Kulturen auch sind – insbesondere Soja –, sollte möglicherweise dem Klee-, Luzerne- oder generell dem Futterleguminosenanbau doch etwas mehr Augenmerk geschenkt werden. Dies allein schon aus der Tatsache heraus, dass das Stickstoffbindungsvermögen und damit die Proteinproduktion bei den Futterleguminosen pro ha unschlagbar hoch ist. Als Fruchtfolgeglieder in mais- und getreidebetonten Fruchtfolgen sind sie eine willkommene Auflockerung und bauen Humus auf.

Des Weiteren gibt es Aspekte, die hinsichtlich den gesellschaftlichen Anforderungen von Futterleguminosen nahezu perfekt erfüllt werden.

Diese Kühe fressen Luzerneheu.

Sie leisten hinsichtlich Biodiversität, als Habitate für Blüten besuchende Insekten sehr viel und können – so man als Landwirt ausreichend Blüte zulässt – sehr gute Bienenweiden sein. Sie ernähren dann nicht nur unser Vieh, sondern auch unsere Bienen und schaffen Einkommen für die Imkerei. Ein klassischere oder bessere Win-win-Situation gibt es fast nicht mehr.

Diese Bienenstöcke stehen direkt im Inkarnatkleefeld.

KLEE: FRAGEN FÜR DIE PRÜFUNGSVORBEREITUNG

1. Nennen Sie den botanischen Namen der drei für die Landwirtschaft wichtigsten Kleearten.
2. Welche Bedeutung hat Klee als Futterpflanze?
3. Welche Bedeutung hat Klee als Bodenverbesserer und Erosionsschutzpflanze?
4. Beschreiben Sie Rotklee.
5. Beschreiben Sie Weißklee.
6. Welche anderen Kleearten sind als Proteinpflanzen von Bedeutung?
7. Welche einjährigen Leguminosen sind im Futteranbau in Verwendung?
8. Warum sollte der Leguminoseanbau im Grünland verstärkt werden?
9. Was ist bei Leguminosen im Grünland zu beachten?
10. Beschreiben Sie die Bedeutung von Leguminosen im Feldfutterbau.
11. Was ist bei der Düngung mit N, P_2O_5 und K_2O zu beachten?
12. Welche Bedeutung haben Futterleguminosen in der Eiweißstrategie?

Lebenszyklus des Rotklees.

LITERATUR

AGES (2019): https://www.ages.at/themen/schaderreger/nanoviren/. Zitiert am 14.7.2019

AGRAR MARKT AUSTRIA: Mehrfachantrag Flächenstatistik (2019)

BUNDESAMT FÜR ERNÄHRUNGSSICHERHEIT: Beschreibende Sortenliste (2019)

BAUMGARTEN, A. ET AL. (2017): Richtlinie für die sachgerechte Düngung im Ackerbau und Grünland. 7. Auflage

BAYERISCHE LANDESANSTALT FÜR LANDWIRTSCHAFT: Eiweißpflanze Soja, Erfolgreich in Bayern produzieren, Institut für Pflanzenbau und Pflanzenzüchtung, 1. Auflage, April 2019

BAYERISCHE LANDESANSTALT FÜR LANDWIRTSCHAFT: Kann Luzernesilage Maissilage ersetzen?. O. J. https://www.lfl.bayern.de/ite/rind/086138/index.php (Zugriff: 09.08.2019)

BAYERISCHE LANDESANSTALT FÜR LANDWIRTSCHAFT: Luzerne – *Medicago sativa* L. (engl.: lucerne). O. J. https://www.lfl.bayern.de/ipz/gruenland/082355/index.php (Zugriff: 01.08.2019)

Bayrisches Wochenblatt (23.3.2018) Auf der Suche nach dem Optimum, Seite 45–48

BERGER, H., P. CATE, H. SCHÖNBECK, B. WODICKA und ZWATZ, B. (1993): Krankheiten, Schädlinge und Nützlinge im Eiweiß- und Ölpflanzenbau. Bundesanstalt für Pflanzenschutz Wien. 2. Auflage.

BERK, A., ET AL. (2007): Lupinen – Verwertung und Anbau, 5. Auflage, Februar 2007, Gesellschaft zur Förderung der Lupine e. V.

BMLFUW (2017): Richtlinien für die sachgerechte Düngung im Ackerbau und Grünland. Anleitung zur Interpretation von Bodenuntersuchungsergebnissen in der Landwirtschaft. 7. Auflage.

BUNDESAMT FÜR VERBRAUCHERSCHUTZ UND LEBENSMITTELSICHERHEIT: Handbuch Pflanzenschutz Kontrollprogramm (2005)

DR. PRIES, M. UND KORTWINKEL, R.: Futterwert von Luzerne in der Rinderfütterung. O. J. https://www.landwirtschaftskammer.de/landwirtschaft/tierproduktion/rinderhaltung/fuetterung/luzerne-futterwert.htm (Zugriff: 09.08.2019)

FISCHBÄCK, G., HEYLAND, K., und KNAUER, N. (1975): Spezieller Pflanzenbau. ISBN: 3-8001-2414-9

FISCHL, M. (2019): Experteninterview zum Anbauverfahren von Luzerne zur Saatgutvermehrung in Österreich. Bio-Ackerbauberatung LK Niederösterreich, Linz, 01.08.2019

SCHUBIGER, F. X., INFORMATIONSPLATTFORM WWW.PFLANZENKRANKHEITEN.CH: Pflanzenkrankheiten erkennen – verstehen – vermeiden. O. J. https://www.pflanzenkrankheiten.ch/krankheiten-an-kulturpflanzen/krankheiten-an-futterleguminosen/luzerne (Zugriff: 16.08.2019)

FREYER B. ET AL. (2005): Futter- und Körnerleguminosen im biologischen Landbau. ISBN 3-7040-2032-X

FRÜHWIRTH, P.: Luzernegras – sichere Eiweißerträge bei geringen Niederschlägen. 15.03.2018. https://ooe.lko.at/grünlandbestände-und-trockenheit+2500+2767411 (Zugriff: 30.07.2019)

GEFROM, A. (2017): Lupinen – Soja des Nordens – Lupinen – Netzwerk: Erfahrungen zum Anbau von Lupinen als Körnerleguminosen, Landwirtschaft ohne Pflug (S. 32 bis 36)

GEFROM, A., und KREIKENBOHM, C. (2017): Konkurrenzloser Start für die Lupine, dlz Agrarmagazin, Ausgabe März 2017

GEISLER, G. (1983): Ertragsphysiologie von Kulturarten des gemäßigten Klimas. Verlag Paul Parey, Berlin und Hamburg.

GEISLER, G. (1988): Pflanzenbau. Ein Lehrbuch – Biologische Grundlagen und Technik der Pflanzenproduktion. 2. Auflage. Verlag Paul Parey, Berlin und Hamburg.

GIEBELHAUSEN, H. (O. J.): Einfluss von Sorte und Nutzung auf Bestandesdichte und Ertrag von Luzerne. Forschungsbericht der Humboldt-Universität zu Berlin, Landwirtschaftlich-Gärtnerische Fakultät, Department für Nutzpflanzen und Nutztierwissenschaften, Berlin

HANSUELI ET AL. (2004): Merkblatt Lupinen, Forschungsinstitut für biologischen Landbau (FIBL)

HARTMANN, S.: So funktioniert der Luzerneanbau. 2015. https://www.topagrar.com/dl/2/8/0/6/5/5/3/32-37_Luzerne.pdf (Zugriff: 16.08.2019)

HEIN, W. (2018): Leguminosenanbau in der biologischen Landwirtschaft, Leguminosenfachtagung: 23. Jänner 2018 in Linz

HUSS, H., NEUMAYER, I., FRÜHWIRTH, P., 2009: Eine neue Wärme liebende Krankheit: Die Anthraknose von Rotklee und Luzerne. Der Pflanzenarzt 62 (5): 13–14

JEROCH, H., et al. (2016): Körnerleguminosen als Futter- und Nahrungsmittel. ISBN: 978-3-7690-0840-1

KAHNT G. (2008): Leguminosen im konventionellen und ökologischen Landbau. ISBN 978-3-7690-0699-5

KÖPPL, P. (2018): Spezialkulturen – Anbau und Kulturanleitungen, Landwirtschaftskammer Oberösterreich

LANDWIRTSCHAFTSKAMMER OBERÖSTERREICH: Versuchsergebnisse, Teil 2 (2018)

LANDWIRTSCHAFTSKAMMER ÖSTERREICH, Soja, eine Kulturpflanze mit Geschichte und Zukunft (6/2018)

LANDWIRTSCHAFTSKAMMER ÖSTERREICH UND ÖSTERREICHISCHE ARBEITSGEMEINSCHAFT FÜR INTEGRIERTEN PFLANZENSCHUTZ (2016): Leitlinien für den Integrierten Feldbau.

LEISEN, E. (O. J.): Artenzusammensetzung von Luzernemischungen unter Weidenutzung. Zwischenbericht der Landwirtschaftskammer NRW, Münster

LEMBACHER, F., HUMER, J. (2009): Luzerne für Saatgutproduktion, Landwirtschaftskammer Niederösterreich

LFL – BAYERISCHE LANDESANSTALT FÜR LANDWIRTSCHAFT (2016): Luzerne Anbau – Konservierung – Verfütterung. 2. Auflage

LFL – BAYRISCHE LANDESANSTALT FÜR LANDWIRTSCHAFT (2015): Großkörnige Leguminosen, Institut für Pflanzenbau und Pflanzenzüchtung

LÖFFLER, M.: LUZERNE – DIE KÖNIGIN DER FUTTERPFLANZEN. https://noe.lko.at/luzerne-die-königin-der-futterpflanzen+2500+2549756, 11.04.2017. (Zugriff: 30.07.2019)

LWK NIEDERSACHSEN: Luzerne – Anbautipps für die Königin der Futterpflanzen. 11.05.2017. https://www.agrarheute.com/pflanze/gruenland/luzerne-anbautipps-fuer-koenigin-futterleguminosen-441558 (Zugriff: 02.08.2019)

MAIRUNTEREGG, N.: Optimierung pflanzenbaulicher Faktoren für den Sojaanbau in Oberösterreich (2012)

M. SC. MÄNNEL, M., PROF. DR. SCHÄFER, B. C., PROF. DR. HABERLAH-KORR, V. (2019): Leitlinie des Integrierten Pflanzenschutzes im Anbau von Ackerbohne, Körnererbse, Sojabohne und Süßlupine

N.U. Agrar GmbH, Grünes Info 1/2019 vom 25. Januar 2019; Informationen für Neueinsteiger im Anbau von Sojabohnen

PFANNKUCHEN, H.: Luzerne – die Königin der Futterpflanzen. 1/2007. https://www.dsv-saaten.de/export/sites/dsv-saaten.de/extras/dokumente/1-07-luzerne.pdf (Zugriff: 01.08.2019)

SCHWEIGER et al. (2018): Grüner Bericht 2018, 59. Auflage, Wien

Taifun Sojainfo, Fachinformation für Sojaerzeuger und -verarbeiter, Ausgabe Nr. 51, September 2017

BONSELS, T.: Kleegras und Luzerne als Proteinergänzung für Milchkühe. O. J. https://llh.hessen.de/tier/rinder/fuetterung-rinder/kleegras-und-luzerne-als-proteinergaenzung-fuer-milchkuehe/ (Zugriff: 09.08.2019)

PILLER, W.: Königliches Futter vom Acker. 2016. https://www.agrarheute.com/wochenblatt/feld-stall/pflanzenbau/koenigliches-futter-acker-523932 (Zugriff: 14.08.2019)

STATISTIK AUSTRIA: http://www.statistik-austria.at/web_de/statistiken/wirtschaft/land_und_forstwirtschaft/agrarstruktur_flaechen_ertraege/bodennutzung/index.html (2019)

Eiweiß von Grünland und Feldfutterbau – Perspektiven einer unabhängigen Eiweißversorgung. Landwirtschaftliches Zentrum für Rinderhaltung, Grünlandwirtschaft und Milchwirtschaft, Wild und Fischerei Baden-Württemberg (LAZBW), Atzenberger Weg 99, 88326 Aulendorf

REGISTER

Der ständige Züchtungsfortschritt ermöglicht die schnelle Anpassung an stetig Umweltbedingungen.

In Reichersberg (OÖ) entwickeln Experten neue Sorten, die gleichzeitig den steigenden Bedürfnissen der Landwirte, Verarbeiter und Verbraucher gerecht werden.

SOJA – VON DER NISCHE ZUR HAUPTKULTUR

MASSGESCHNEIDERTE SOJAZÜCHTUNG AUS ÖSTERREICH

Österreich ist innerhalb der EU seit langem ein Vorreiter im Sojaanbau. Die SAATBAU LINZ hat bereits 1990 das Potenzial dieser Pflanze für sich und die Landwirtschaft in Europa erkannt und in ein Zuchtprogramm investiert.

Mit der Tochterfirma Saatzucht Donau ist SAATBAU LINZ führend in der europäischen Sojazüchtung. Das Sojazuchtprogramm ist die Basis für den Sortennachschub und damit für den Erfolg der SAATBAU LINZ von Frankreich bis Russland.

Gentechnikfreiheit sowie die Anpassung der Sorten an unterschiedliche Klima- und Standortbedingungen sind die wichtigsten Verkaufsargumente.

Ausgewählte Landwirte sorgen dafür, dass gentechnikfreie Soja von ihren Feldern den höchsten Qualitätsstandards entspricht. Die SAATBAU ERNTEGUT baut hierbei Versorgungsketten zwischen Landwirten und Verarbeitungsbetrieben auf und wird gemeinsam mit allen Partnern von unabhängigen Kontrollstellen überprüft.

Vom Saatgut bis zum fertigen Lebensmittel besteht somit eine lückenlos rückverfolgbare Produktionskette, deren erstes Glied die SAATBAU LINZ mit der Züchtung neuer Sorten bildet.

SAATBAU

SAATBAU LINZ eGen
Schirmerstraße 19
A 4060 Leonding

www.saatbau.com